日食与自然灾害

赵得秀　编著

西北工业大学出版社

【内容简介】 本书上篇从日食、地震两个因素来探讨水旱灾害发生的原因及其规律。是当前国内外在这一领域中的一个新论点。日食相同，即地面温度场大体相似，则有相似的天气情况，创建了日食相似年方法，在1981－1998年的旱涝趋势预报中取得较为满意的成果，1981－1984年用日食相似年方法成功预报了四川、黄河及长江大水，亦成功预报了1998年长江中上游百年一遇大洪水，1991年以后用中科院大气所两层大气环流模式及南京大学五层大气环流混合模式成功预报了2002年长江两湖流域及2003年淮河流域特大洪水，在2000年用日食、地震两个因素成功回算出美国密西西比河1972年历史上第二大洪水的暴雨区及1999年我国华北大旱区，进一步说明日食与地震是影响大气环流运动形成水旱灾害的主要原因。这是无可争辩的事实。本书并增加水文学危机一章。

本书下篇提出地震是由日食引起的，从五个方面进行了佐证：①日食的能量比全年地震的能量大3个量级；②从统计看，强震前必有2～4次日食主食带通过震区；③相似的日食有相似的地震；④日食对地壳可产生大的外胀力；⑤日食外胀力引起上地幔偏心受力形成受拉区而引发地震等，并以材料力学短挂理论对日食产生的岩石拉应力做了初步的计算，对艾文登震级与核爆TNT当量关系做了修正，提出以有限单元法建立地震预报模型的设想。

本书可供气象、水文、水利、地质、地震、地理工作者参考。

图书在版编目(CIP)数据

日食与自然灾害/赵得秀编著．—西安：西北工业大学出版社，2015.1
ISBN 978-7-5612-4235-3

Ⅰ.①日… Ⅱ.①赵… Ⅲ.①日食—关系—自然灾害—研究 Ⅳ.①P125.11 ②X43

中国版本图书馆CIP数据核字(2015)第004043号

出版发行：西北工业大学出版社
通信地址：西安市友谊西路127号　　邮编：710072
电　　话：(029)88493844　88491757
网　　址：www.nwpup.com
印 刷 者：陕西天意印务有限责任公司
开　　本：727 mm×960 mm　1/16
印　　张：6.25
字　　数：109千字
版　　次：2015年2月第1版　2015年2月第1次印刷
定　　价：20.00元

序　言

自1992年《论日食与水旱灾害的关系》一书出版以来，日食相似年方法，在气象学与水文学超长期天气预报领域有其一定的实用性。1984年8月，笔者在河南省首次经济社会发展战略讨论会上用日食相似年方法提出了《1985—2000年全国旱涝趋势图》；早在14年前就已预报出1998年百年一遇的长江中上游大涝，得到有关部门如中央防汛总指挥部办公室的好评。但这一方法有一定的局限性，需要长期的历史旱涝史料，目前只有我国中部地区具备这样的条件。由于大气环流运动是一组偏微分方程，没有解析解，难以用其他方法来表述。第二次世界大战后，高空探测站大增，电子计算机问世，为数值天气预报的开展创造了条件。经20世纪六七十年代的发展，用电子计算机进行客观分析及原始方程模式作预报获得成功，使数值天气预报进入了一个新阶段。1991年，在河南省气象学会上，中国科学院大气物理研究所李崇银院士到会并讲学，日食相似年方法得到了李院士的认可，并同意进行数学模拟计算。在1991年、1994年、1995年的计算中，此方法初步取得成功，使日食效应超长期天气预报进入可计算阶段。在1999年用日食相似年方法及数学模拟方法预报当年旱涝趋势均告失败，又认识到地震亦是影响大气环流运动的因素之一。其后，在模拟计算上又得到南京大学大气科学系江敦春、金一諤、张耀存等教授的支持，使计算延续至今，大气物理研究所龙震夏助理研究员、南京大学大气科学系黄安宁副教授做了大量的工作；日食计算先后由南京天文台何玉囡研究员、河南省地理研究所周克前研究员负责，他们付出了大量的劳动，均值得铭记。

本书的上篇——日食、地震与水旱灾害的关系，共编写4章。第1章，日食相似年的发展过程，这在1992年出版的《论日食与水旱灾害的关系》中已有详尽的叙述，本书补充一些原始资料。第2章，日食与地震效应的数学模拟计算。第3章，后报检验。第4章，水文学的危机。由资料分析，从历史尺度四五千年看，气候已有很大变化，比如我国华北黄河流域、淮河流域已由热带、亚热带变到温带，这表明地球赤道是可变的，气候亦是在不断变化的，其周期应与地轴绕动相一致，约3万年，这只是问题的提出，细节还有待进一步探讨。

本书的下篇——地震是由日食引起的，这一论点最初是在1989年11月《日食效应与自然灾害（旱涝、地震）》一文中提出的，在 1990 年 5 月南阳张衡纪念会上进行了交流，在 2007 年 7 月出版的《地震探源与地震预报》及 2012 年 2 月出版的《地震是可以预报的》（与强祖基教授合编）两书中进行了补充。今汇编整理，提出地震是由日食引起的五个方面的佐证，并提出用有限单元法建立地震预报模型的设想，在 2013 年 4 月郑州中国地球物理学会天灾预测专业委员会会议上进行了交流，会后做了一些修改，现将这一论点编入书中，供有兴趣者参考。

书中内容如有不当或错误之处，请读者批评指正。

赵得秀时年八十九

2013 年 11 月

目　　录

上篇　日食、地震与水旱灾害的关系

下篇　地震是由日食引起的

目 录

上篇　日食、地震与水旱灾害的关系

第1章　日食相似年的发展过程

日食相似年方法在《论日食与水旱灾害的关系》一书中已有详尽的介绍，在超长期天气预报中有其一定的实用性，关键是选择好相似年的日食，日食越相似，则天气越相似。在每一沙罗周期中，极区偏食约占总日食次数的1/3以上，而极区偏食没有主食带，在早期的天文年历中亦没有月影图，选择相似年仅靠《日月食典》的时角，无法满足精度要求。美国国家航空航天局（NASA）已算出上千年的日食月影图，这为今后选择日食相似年提供了有利的条件，但同时亦受制于历史水旱史料。我国历史水旱史料虽有久远的历史，但比较有系统而丰富的地区史料还是从明代各地大修地方县、府地方志开始的。

日食相似年方法的发展，是1961年从研究水旱灾害发生的原因及其规律这一课题开始的，至1964年6月25日写出初稿，为《月地关系——论水旱灾害（灾害性天气）发生的原因及其规律》，由河南省水利厅打印并油印20份分送各有关单位。该文中有以下观点：

灾害性天气之所以发生，与大气环流的反常变化有直接关系。大气环流有反常的变化，冷暖空气的交锋就出乎常规，就会出现一定范围、一定程度的旱涝现象。

大气环流是温度分布的后果，亦即是各纬度上不同辐射差额的后果。赤道温度高，两极温度低，由于温度的差异，而形成大气的环流运动。与热力机的工作原理相同，赤道为高温热源，两极为低温热源，空气为工质。

太阳辐射即太阳常数有没有变化？太阳常数所能测到的变化不超过其值的2%，而且是在测量精确度范围之内。原则上太阳常数不可能有很大变化。

外界有没有因素可以影响赤道与两极的温度？月亮就能影响赤道与两极的温度。从天文学知道，每年至少有两次日食，最多有五次日食。粗略估计，每次日食可使地球局部地区损失热量达$a\times10^{20}$卡。大气环流这两部热力机，由外界提高赤道的温度不大可能，但由外界降低两级的温度却完全可由日食的发生来实现，可使大气环流发生反常变化。由此可见,月亮的存在是决定地球大气环流发生变化的原因。兹称之为月地关系。

结论:

(1)大气环流发生反常变化,造成一定范围的灾害天气,是由于两极地区发生日偏食,或近极地区发生日全(环)食,降低了大气热力机的冷源温度,提高了大气环流热机效率而形成的。简称为月地关系。

(2)灾害性天气周期,与日食沙罗周期一致。以 18 年为一小单元,以 54 年为一大单元。由于日食在每一沙罗周期后,在经度上有变化,在纬度上有级进,在偏食系列有行进。因此在每两个沙罗周期之间,天气情况并不相似,而在大单元中的三个小单元,天气情况大体相似。

水利部水利水电科学研究院谢家泽副院长 1964 年 7 月 20 日回信:

来信及文早经收到,我粗读一遍,觉得探讨水旱灾害的气象成因和规律是一个很重要的问题,从月地关系的角度来研究这个问题,是一个新的尝试。你在这方面做了不少工作,取得了不少成果。我读来很感兴趣。不过,我对于这个问题究竟是个外行,因此与黄院长商量一下,已送请科学院地球物理所的杨鉴初同志代为审阅。等他审阅后,当再奉复。

杨鉴初先生审阅后并不同意这一论点。

1965 年 5 月 28 日北京师范大学天文系主任刘世楷教授回信:

2 月下旬奉到手书并《从月地关系探讨水旱灾的起因和周期》一文,因在病休期间,不能持久阅读,无法作复。现在贱体稍稍愈可,勉强拜读大作一遍,仅就管见所及,对尊文提出下列几点意见,未卜可以略供参考否。

(1)对于标题。本文实际是从日食影响大气环流来讨论水旱问题的,而日食是日地关系之一。从本文内容看,命题似乎是"从日食来探讨水旱灾害的起因和周期"。

(2)对于日食周期。用纽康的周期(28.94 年)较密,不知曾否比较过沙罗和纽康两周期?

(3)对于日食的食分。近极区偏食之食分很小,食时很短,其对地球大气的影响并不大,赤道地区及非近极地区的日全食(中心食),其影响大气都很大。这点应分别考虑到。

(4)建议:希望你再从(日月)交食对大气环流的影响和水旱灾的关系进行研究。我认为你初步研究的结果已有相当价值,论点是成立的。

这是我国学术界第一位首先承认这一论点是成立的科学家,但不幸的是,不久刘世楷教授在文化大革命中被迫害致死,这是我国学术界的重大损失!

1966 年年初，笔者到河南驻马店地区水利局工作。文化大革命期间，科学资料匮乏，课题进展不大。文化大革命后笔者到河南水利厅工作，对该课题进行补充，并遵照刘世楷教授建议，将课题改为《日食效应（论水旱灾害发生的原因及其规律）》，并补充一些内容：

（1）人造地球卫星的出现，把太阳辐射观测推进到一个新的历史阶段。美国 1969 年发射的行星星际探测器“水手”6 号及 1975 年发射的“星云”6 号，从 150～180 天的观测记录来看，太阳常数仅有无规则的微小波动，其变动范围仅有 0.2％～0.3％，与太阳黑子的日变化是不同步的……可以认为，大气环流的能源条件是相对稳定的，是一个常量。这说明，在 1964 年的论述“原则上太阳常数不可能有很大变化”是正确的。

（2）创建了日食相似年方法。相近的日食发生时间，相近的地面月影图，则有相似的天气情况。从近 500 年较大的旱涝灾害中选出 3 例来加以说明，如 1778 年（清乾隆四十三年）与 1639 年（明崇祯十二年）这两年食类相同，地面月影图基本相似，这两年都是长江、淮河、黄河、海河的大旱年；又如 1662 年（康熙元年）与 1755 年（乾隆二十一年）这两年日食发生的时间相近，食类相同，地面月影图相同，均为黄河大水年；又如 1592 年（明万历二十年）、1853 年（清咸丰三年）及 1937 年（民国 26 年），这三年都是河南省豫北的大水年。

1981 年，笔者首次在河南省防汛会议上，以日食相似年方法预报黄河、四川大水获得成功。四川是大暴雨区，黄河渭河出现 5 000m^3/s 的流量，黄河上游刘家峡（坝高 147m，库容 57 亿立方米）出现特大洪水，临时加高大坝。

1982 年、1983 年继续以日食相似年方法预报长江大水获得成功。1984 年由河南省科学院邀请国内气象、水文、水利、地学等方面专家进行鉴定，邀请的专家有陶诗言（院士，中国科学院大气物理研究所所长）、杨鉴初（中国科学院大气物理研究所副研究员）、张先恭（北京国家气象局气象科学研究院副研究员）、刘光文（华东水利学院水利系名誉系主任）、黄万里（清华大学水利系教授）、叶永毅（北京水利水电研究院高工）、赵人俊（华东水利学院水文系系主任）、陈惺（河南省技术经济研究中心主任，高工）、郑宜樑（黄河水利委员会勘测设计院高工）、王湧泉（黄河水利委员会水利科学研究所工程师）、盛福尧（河南地理研究所副研究员）、何家濂（河南省水利厅副总，高工）、陈耀曾（河南省水利厅副总，高工）等，刘世楷教授 1965 年的复信亦作为评审材料。

陶诗言院士认为这项工作是初步的研究成果，如果在今后几年的检验都很好，这就可投入业务预报。

杨鉴初研究员提出日食影响地球对太阳辐射吸收的响应，认为是大气环流异常的原因之一。这种看法是一种发现，有科学价值；并且结合历史资料，对较长期水旱分布可以做出预报，经过几年试验，具有定的准确性，这就产生了一定的经济效益。目前国外尚没有同类的看法，是我国的独创。

刘光文教授回复："尊文立论得当，考证确切，很有说服力。目前在特长期洪旱预测方面，即使定性上似仍缺乏有效方法，看来利用日食效应原理预测特长期天气情势不失为一良好方法，似乎超过了通常特长期天气情势方法而无不及。"

黄万里教授："本研究提出日食效应为水旱灾害的主要因子，提出比照相似历史日食资料，预报不同地区未来年份丰枯情况的方法是创新的，似乎未闻国外已有这种方法。"

河南省科学院评审鉴定意见：

(1)本项研究以"日食效应"为水旱灾害的主要因素，提出了利用相似历史的日食资料，对我国水旱灾害进行长期预报，这一方法是一种创新。

(2)本课题提出的方法，可以预报到几十年或更长的旱涝情况，这对制订国民经济计划和发展工农业生产，做好防洪抗旱的准备，减少灾害损失，都有一定的重要意义。

1984 年笔者在河南省首次经济社会发展战略讨论会上用日食相似年方法预报了我国 1985 年至 2000 年的旱涝趋势预报，其中早在 14 年前就已预报了长江 1998 年百年一遇大洪水，并在 1998 年年初又专寄中国防汛总指挥部办公室，汛后受到办公室的赞扬。

1998 年采用笔者在 1984 年河南省首次经济社会发展战略讨论会上提出的日食相似年方法预报了 1998 年全国旱涝趋势，如图 1－1 所示。1998 年日食相似年为明隆庆五年(1571 年)，这一年全国主雨区在长江中上游、珠江、淮河及海河，预报与实况一致。1998 年是长江中上游百年一遇的大水年，主汛期(6～8 月)长江等地降雨可分为四个阶段。

第一阶段为 6 月 12 日～26 日，降雨主要集中在江南中北部，其中湘赣大部、桂北、皖南、浙南、闽北等地降雨比常年同期偏多 1～3 倍。福建建阳雨量为 1 165mm，江西贵溪雨量为 1 115mm，广西融安雨量为 875mm，致使珠江西江、闽江、洞庭湖和鄱阳湖水系爆发洪水。珠江西江梧州 6 月 28 日洪峰流量为 51 600m^3/s，仅次于 1915 年的 54 500m^3/s，为百年一遇的洪水。闽江竹岐站 6 月

23 日洪峰流量为32 800m³/s，超过历史最大流量，洪水重现期为百年一遇。湘江长沙 6 月 28 日水位为 39.02m，超过历史最高水位 0.09m。

第二阶段为 6 月 27 日～7 月 15 日，降雨主要集中在长江上游、汉江上游、清江和淮河流域，其中川渝大部降雨比常年同期偏多 5 成至 1 倍。如四川广元为 477mm，巴东为 473mm，宁强为 462mm，致使嘉陵江、岷江、沱江、汉江、淮河出现不同程度洪水。长江干流宜昌于 7 月 3 日和 18 日出现当年第一和第二次洪峰，洪峰流量为 53 500m³/s 与 56 700m³/s。

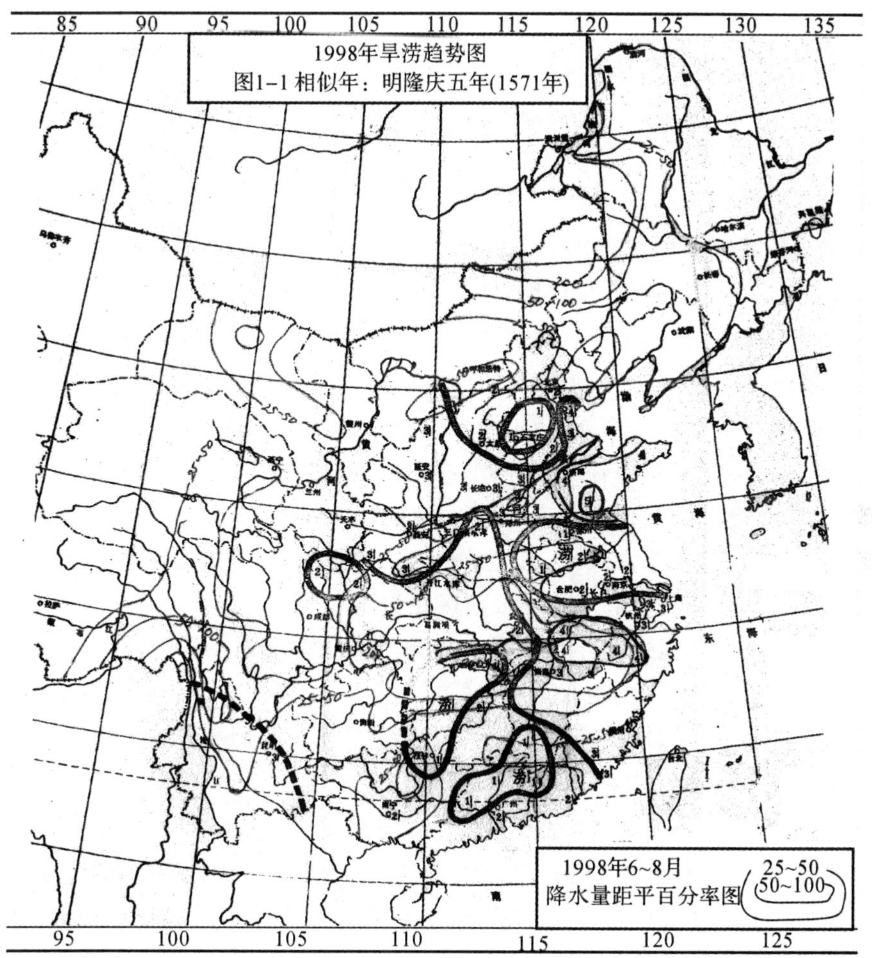

图 1-1　1998 年全国旱涝趋势图

第三阶段7月20日～31日，降雨集中于长江中游沿江、黔东等地，降雨比常年同期偏多3倍以上，乌江、嘉陵江、澧水、沅江发生洪水，宜昌出现第三次洪峰，7月25日洪峰为52 500m^3/s。

第四阶段为8月1日～27日，降雨主要集中在长江上游、汉江、清江等地，其中嘉陵江、汉江、三峡区间降雨量比常年同期偏多7成至2倍，致使长江上游连续发生5次洪水。宜昌站8月16日第6次洪峰为63 600m^3/s，为当年入汛以来最大流量，其余4次为8月8日61 600m^3/s、8月13日63 000m^3/s、8月25日56 700m^3/s、8月29日57 400m^3/s。

这一年长江流域发生了仅次于1954年全流域大洪水，上游大于1954年，中下游小于1954年。1998年洪峰水位高，长江干流沙市—螺山、武穴—九江共359km河段及洞庭湖、鄱阳湖水位多次超过历史最高水位，超过幅度达0.55～1.25m，沙市曾三次超过历史最高水位，且洪水持续时间长。长江干流沙市、监利、螺山、汉口、九江水位超过警戒水位的时间分别长达57天、82天、81天、84天、94天，监利—螺山、武穴—九江河段超过历史最高水位时间长达40多天。由于上游洪峰接踵而至，加上支流清江、中下游沿线和洞庭湖、鄱阳湖亦相继出现大范围的强降雨过程，干支流洪水相互遭遇，形成恶劣的洪水组合。下游河段水位一涨再涨，不断攀高，特别是第六次洪水期间，防汛形势十分严峻。党中央、国务院、解放军及沿江干群300余万人坚强努力，战胜了洪水，取得了伟大的胜利。

其他地区如珠江梧州出现1915年以来第二大洪水，流量为54 500m^3/s；淮河上游发生7次超警戒水位洪水，海河暴雨区比预报偏南，东北亦出现暴雨(该区在明代还没有历史水旱资料)。因主要雨区在长江以南，未作模拟计算。这一预报是在1984年即1998年的14年以前做出的，预报是非常成功的。这说明日食效应相似年方法在历史资料多的地区是有效的。

1987年9月23日发生的日环食，其主食带横贯我国中部，经新、甘、晋、豫、鲁、苏省区，由上海市进入东海。在9月20日当天全国70个单位，西自喀什，东至上海，北起漠河，南至琼中，共布设199台站，进行了射电、光学、太阳半径、电离层、电波传播、大气物理、日射、臭氧、大气重力波、次声波等项目的综合观测，海洋上科学1号考察船在西太平洋做了远征观测，在河南安阳使用了中原航空公司B-4207号飞机做了高空日射观测，取得了丰硕成果。在《日食与水旱关系》一书中对日射与气象有较详尽的叙述，项月琴副研究员、李建京副研究员在安徽宿县观察到在食甚时，裸地温度降达14℃，日食造成的地中温度减热的深度至少可达20cm，如图 1－2，图 1－3 所示。

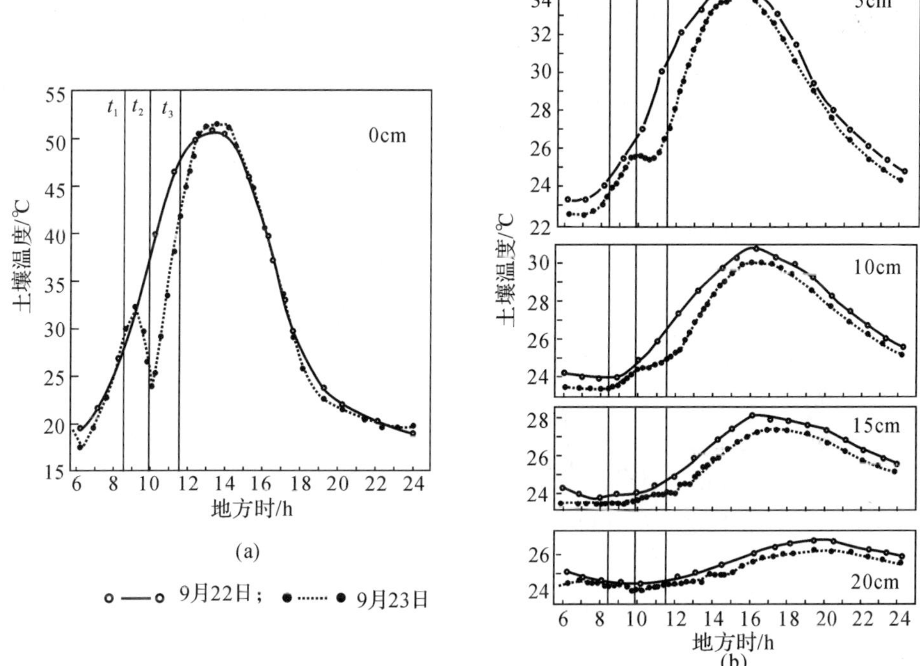

图 1－2　1987 年 9 月 22 日、23 日 0～20cm 各层土壤温度日变化曲线

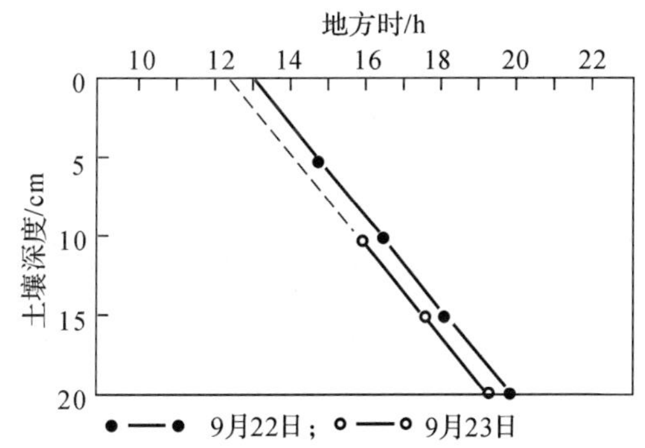

图 1－3　1987 年 9 月 22 日、23 日 0～20cm 各层土壤温度日变化曲线最高值位相随深度变化

1997 年 3 月 9 日我国漠河有一次日全食，在哈尔滨由中国科学院地理研究所徐兆生研究员设站进行观测。哈尔滨食分为 0.8，观测到雪面温度变化、气压变化

如图 1-4、图 1-5 所示，雪面温度降低达到 8.9℃，气压亦有所降低。2011 年 11 月 25 日南极区日食，委托中国电波传播研究所获得我国长城站(62.12°S，58.57°W)日偏食的观测资料，其食分为 0.8，经初步核算雪面温度降低达 5.68℃。

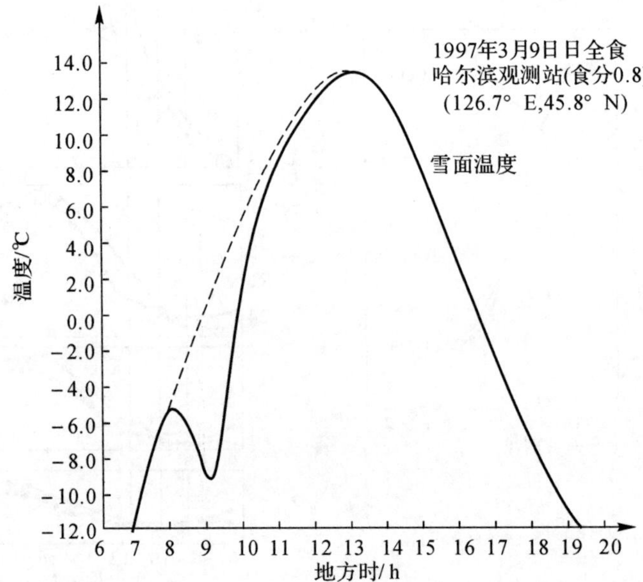

图 1-4　1997 年 3 月 9 日日全食哈尔滨雪面温度变化曲线

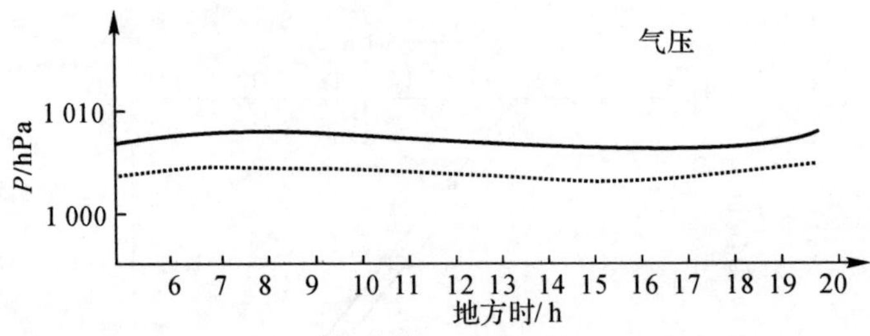

图 1-5　1997 年 3 月 9 日日全食哈尔滨气压变化曲线

第 2 章　日食与地震效应的数学模拟计算

第 1 节　发 展 过 程

日食相似年方法虽然取得了一定成绩，但其应用范围只能限于国内。国内旱涝历史资料各地亦不平衡，中部地区积累的历史资料较多，因此其应用范围有一定局限性。

1989 年，笔者在北京全国近期重大自然灾害预测及预防会商会上提出，大气环流动力学基本方程是由动量守恒、质量守恒、水气质量守恒、状态方程、热流入方程等一组方程所组成的，如式(2 - 1)～(2 - 5)所示。

$$\frac{\mathrm{d}\boldsymbol{v}}{\mathrm{d}t}=-\frac{1}{p}\,\boldsymbol{\nabla} p-f\boldsymbol{k}\times\boldsymbol{v}-\boldsymbol{g}+\boldsymbol{F} \tag{2-1}$$

$$\frac{\mathrm{d}p}{\mathrm{d}t}=-p\left(\frac{\partial u}{\partial x}+\frac{\partial v}{\partial y}+\frac{\partial w}{\partial z}\right) \tag{2-2}$$

$$\frac{\partial q}{\partial t}+\boldsymbol{v}\,\boldsymbol{\nabla} q=\frac{1}{p}s \tag{2-3}$$

$$\frac{p_1}{p_1 T_1}=\frac{p_2}{p_2 T}=R \tag{2-4}$$

$$\delta Q=C\,\frac{\mathrm{d}T}{\mathrm{d}t}-A\,\frac{1}{p}\,\frac{\mathrm{d}p}{\mathrm{d}t} \tag{2-5}$$

因其为一组非线性方程，故一般不存在解析解，只能用数值方法求其近似解。第二次世界大战后，高空探测站大增，电子计算机问世，为数值天气预报的开展创造了条件。经 20 世纪六七十年代的发展，由电子计算机进行客观分析及原始方程模式作预报获得成功，使数值天气预报进入了一个新阶段。1989 年曾庆存院士等在美国创建了两层大气环流模式(documentation of IAP two - level atmospheric general circulation model)，可以作全球范围数值模拟计算，如在一组大气环流动方程上，考虑日食对大气环流的影响，即

$$\frac{\mathrm{d}q_e}{\mathrm{d}t}=f(D_{\lambda,\varphi},T,g) \tag{2-6}$$

式中，q_e 为日食地面月影区格点的热量损失；$D_{\lambda,\varphi}$ 为日食地面月影区格点的经纬度；T 为格点的见食时间；g 为格点的食分。

在日食前后进行计算,如能与实际情况相一致则可与相似年方法相互补充,并对超长期天气预报有较大的促进。

1991年7月笔者在河南鸡公山参加了河南省气象学会,中国科学院大气物理研究所数学模拟实验室李崇银主任在会上作学术报告,介绍了用大气环流模型计算的某一地区温度变化对大气环流运动的影响。会后笔者向他介绍了用日食相似年方法预报全国旱涝趋势取得的成果,建议他能否用日食进行数学模拟计算。他接受了这一提议,在1992年对1991年的日食效应进行模拟计算,基本上再现了长江下游的暴雨区。由于是初算,对日食月影区的温度降低取了一个平均值,还不正规。1994年、1995年又进行日食效应模拟计算,大气环流模型是大气物理研究所的两层大气环流模型(IAP two-level atmospheric general circulation model),各格点的各日食时段的日食食分用各该年日食的计算值。我国汛期(6～8月)计算结果,长江以北与实况基本一致。如计算出了1994年黄河河套、关中暴雨区;1995年长江三峡多雨区,河南、关中干旱等。而长江以南计算较差,未能算出1994年华南多雨区及1995年长江两湖流域多雨区,如图2-1～图2-4所示。这可能与该模型为粗网格有关,两层大气环流模型每网格为4(纬)×5(经),在模型上中国台湾、海南岛,菲律宾由于面积均不超过网格面积的70%,均作为海面计算,这可能是两层环流模型对长江以南计算较差的主要原因,参见图2-5所示的模型主网格(4纬×5经)地面指标种类分布图。但从这两年日食效应模拟计算看,超长期天气预报是可以计算的。1996年笔者采用南京大学大气科学系九层谱模式计算,同纬度上计算精度不一,不如大气物理研究所两层大气环流模型稳定。

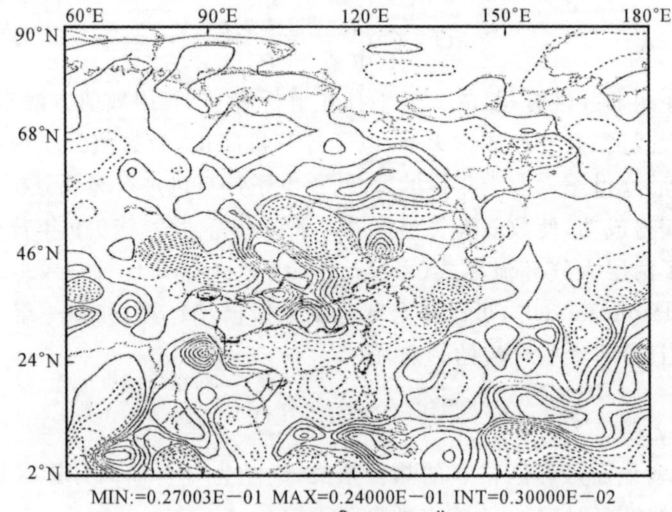

图2-1 1994年6～8月日食效应数学模拟计算

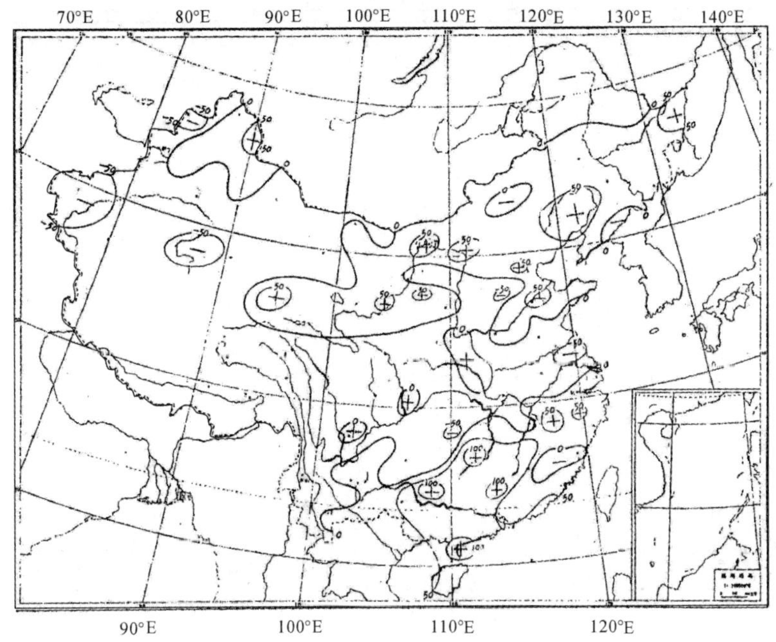

图 2-2　1995 年 6～8 月降水距平百分率图

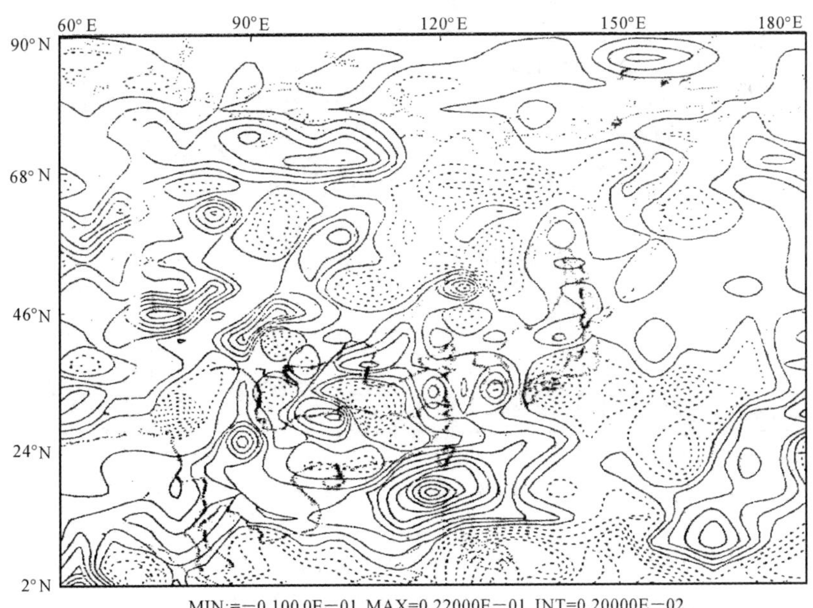

图 2-3　1994 年夏季(6～8 月)降水量距平百分率图

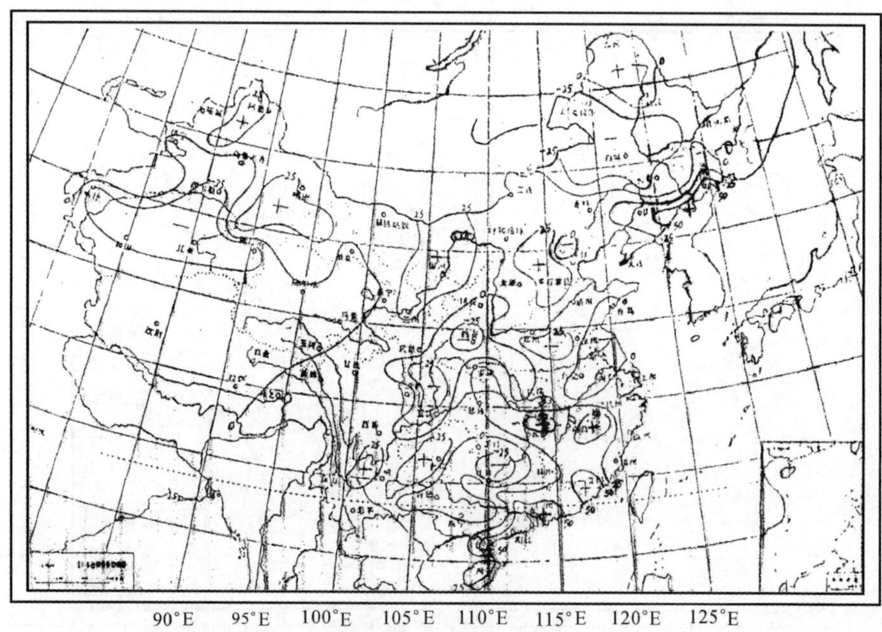

图 2-4　1995 年 6～8 月日食效应数学模拟计算

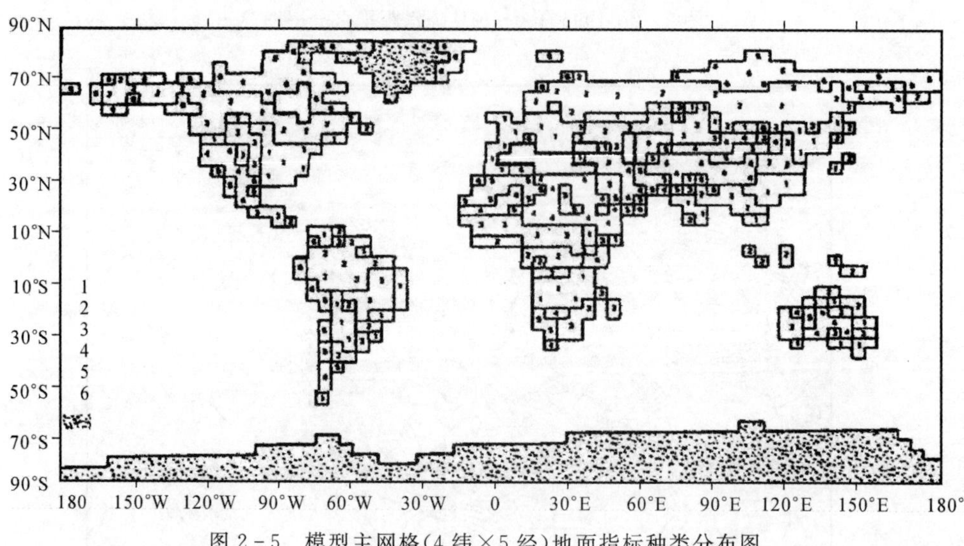

图 2-5　模型主网格(4 纬×5 经)地面指标种类分布图

1999 年 1 月，在北京的中国科学技术协会(简称中国科协)学会部 1999 年减轻自然灾害学术研讨会上，笔者做了 1998 年日食效应相似年预测方法回顾及 1999 年全国旱涝趋势展望的报告，介绍了日食效应相似年预测方法的成果及日食效应模拟计算进行情况及存在的问题。按日食效应相似年预测 1999 年为华北大涝，如图 2－6 所示。鉴于大气物理研究所的两层大气环流模型对长江以北计算效果好，建议大气物理研究所计算一次，以验证日食效应相似年预测方法是否准确。时任中国科协副主席的曾庆存对这一介绍很感兴趣，同意大气所再模拟计算一次。计算结果与日食效应相似年预测方法基本一致，华北为大涝年，如图 2－7 所示。而 1999 年 6～8 月华北是我国干旱中心，与预报的完全相反，如图 2－8 所示。这说明还有因素影响大气环流运动。

经过研究，地震亦是不容忽视的外在能源。据统计，全世界每年平均发生震级 $Ms>5$ 级的地震约 1 000 次，震级 $Ms>7$ 级的地震有 20 次。地震震前地壳受高压，正空穴电子受压，放出红外辐射，在地震受压区有增温现象，地震亦可向大气环流补充能量。

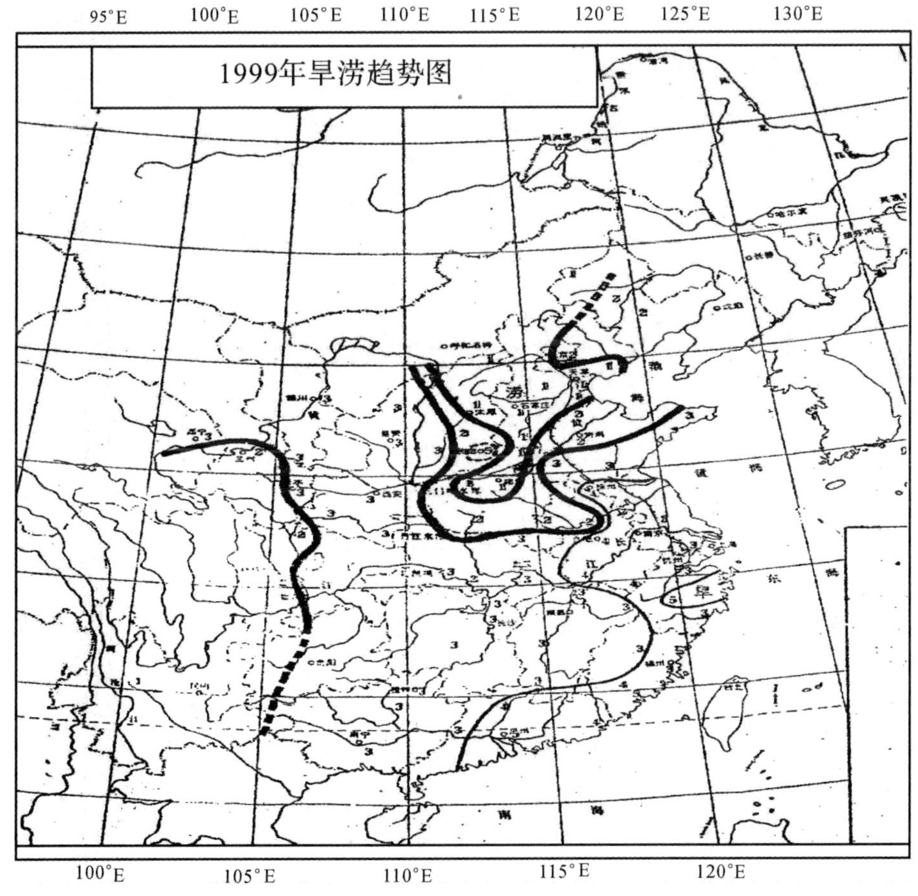

图 2－6　1999 年全国旱涝趋势图

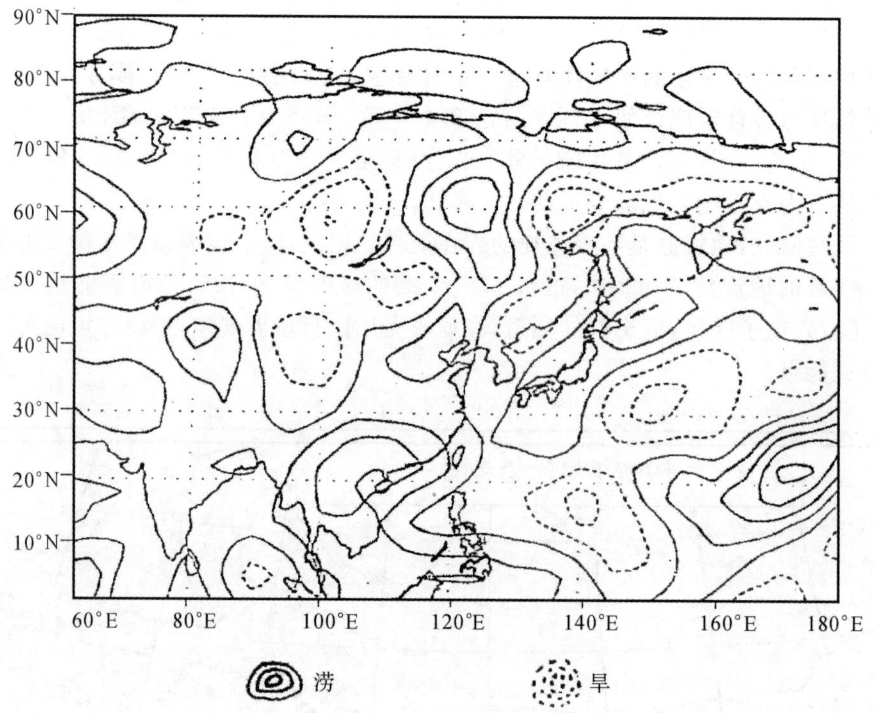

图 2-7 1999 年 6~8 月日食效应数学模拟计算

1989 年我国大陆共发生 5 级以上地震 15 次，除 4 次因条件恶劣未有观测资料，其中 11 次在临震前震中区地面有大面积的增温，发震时间贯穿于春、夏、秋、冬。震中位置从平原、盆地、高原到高山，海拔 350～5 600m 不等。增温幅度为 2.3～15.5℃，持续时间为 2～7d。海洋上也有此现象，如 1994 年 5 月 20 日、21 日发生在台湾花莲海外 *Ms* 为 5.7，6.2，5.1，7.0 的四次地震，在 5 月 12 日和 13 日有一明显的增温区，其增温中心面积约为 $8\times10^4 km^2$。1990 年 4 月 26 日青海共和发生 7 级地震，在 4 月 23 日 2 时酒泉、武威地面为 -2～-3℃，至 24 日 2 时升到 3℃，震中东侧皇源县则从 23 日 2 时的 -8℃ 上升至 24 日 2 时的 -2℃，增温范围为 $10^5\sim10^6 km^2$。这些说明地震临震前增温是一种普遍现象(见表 2-1)。

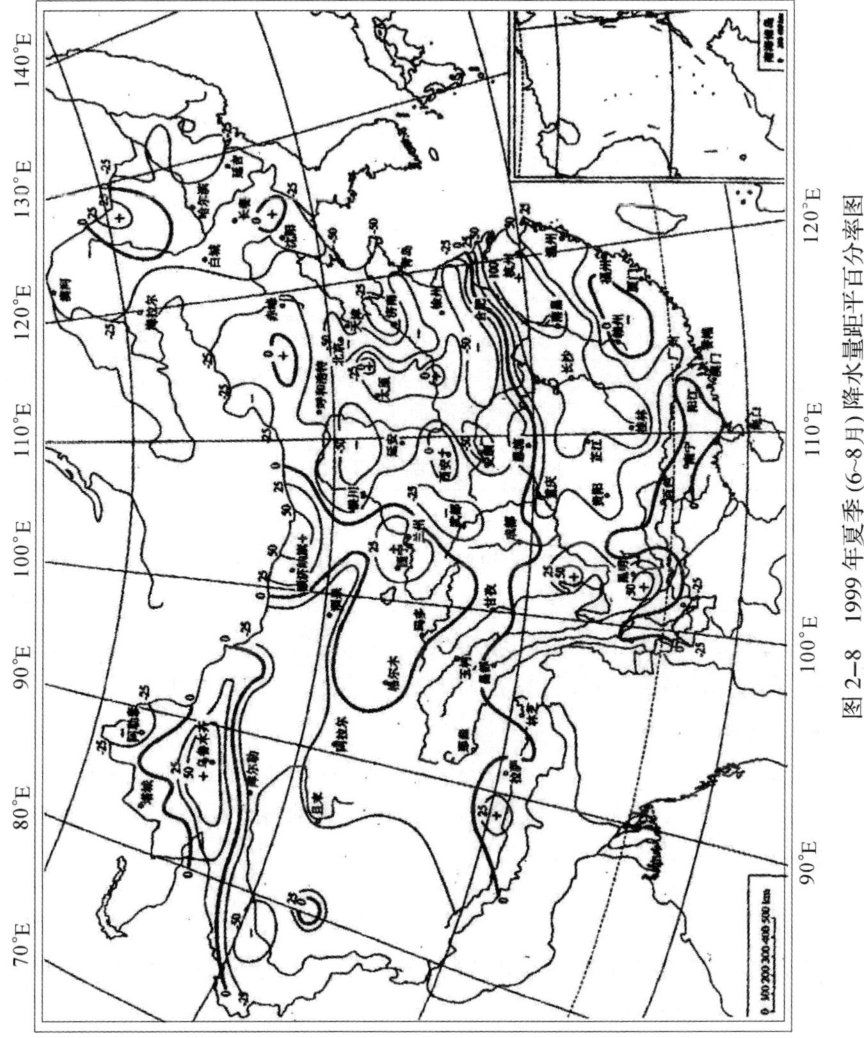

图 2–8 1999 年夏季(6~8月)降水量距平百分率图

表 2-1　我国大陆 1989 年 5 级以上地震临震期间地面增温异常情况

时间		震中位置			震级	震区气象台震前地面增温异常记录				
月	日	地点	纬度 N (°)	经度 E (°)	Ms	气象台	海拔 m	异常起止时间	天数 天	增温 ℃
1	19	四川	30.0	100.1	5.3	康定	2 615.7	1.13～1.17	4	3.9
2	4	西藏	30.0	90.1	5.6	拉萨	3 648.7	1.26～2.1	6	15.5
3	1	四川	31.5	102.5	5.1	小金	2 369.2	2.24～3.1	5	10
5	7	云南	23.5	99.5	6.0	孟定	511.4	5.1～5.6	5	8.2
6	9	四川	29.3	102.3	5.3	九龙	5 646.2	6.2～6.8	6	6.1
7	21	四川	29.8	99.2	5.8	稻城	3 727.7	7.13～7.20	7	3.5
9	30	云南	25.4	103.1	5.1	宜良	1 532.1	9.15～9.18	3	3.9
9	22	四川	31.5	102.6	6.6	小金	2 369.2	9.18～9.22	4	7.5
10	18	山西	39.95	113.6	5.7	大同	1 067.2	10.16～10.18	2	3.1
10	23	山西	39.9	113.8	5.2	大同	1 067.2	10.19～10.21	2	2.6
11	20	四川	30.0	106.7	5.4	沙坪坝	350.0	11.16～11.19	3	2.3

环太平洋地震带平均每年释放的能量为全球平均每年释放能量的 77%。而环太平洋沿岸又是热带风暴的多发地区，平均占全球热带风暴的 36%。从温度场分析，台风路径在一定条件下，有朝着暖气温区或暖海温区移动的趋势，其路径与大范围暖区脊线相一致。当暖区是东西向时，台风将在暖区里西移；当暖区是南向时，台风将在暖区里北移，如图 2-9 所示。

由此，地震的增温区亦会对台风路径产生影响，台风亦是大气环流运动的一个分支。因此，地震亦能影响大气环流运动，兹称之为地震效应。此外，根据上面分析还应增加地震对大气环流的影响，即

$$\frac{\mathrm{d}q_s}{\mathrm{d}t}=f(M_{\lambda,\varphi},T,N,D) \qquad (2-7)$$

式中，q_s 为地震增温区格点的增温量；$M_{\lambda,\varphi}$ 为格点经、纬度的地震震级；T 为格点地震发震时间；N 为增温的度数，以 ℃ 计；D 为格点增温持续天数。

应用方程式(2-1)～(2-7)即可为超长期数值天气预报开创一条新路。

用日食效应相似年方法，1999 年所选用的相似年为 1654 年(清顺治十一年)，该年海河为一大涝区，而实况是 1999 年海河为一大旱区。分析其原因，1654 年为我国大陆地震频繁发生的一年：2 月 21 日，安徽黄池、石台、全椒地震；3 月 17 日，

安徽蒙城、广州新会地震；4 月 17 日，山东乐陵地震；5 月浙江仁和(今杭州)、萧山，北京地震；6 月陕西耀州、长安、汉中、洋县、西乡(今镇巴)、羌州(宁强)，兰州等地大震，屋瓦飞落，城垣倾塌；7 月 22 日，陕西西安府属诸县、秦州(天水)发生 8 级大震。

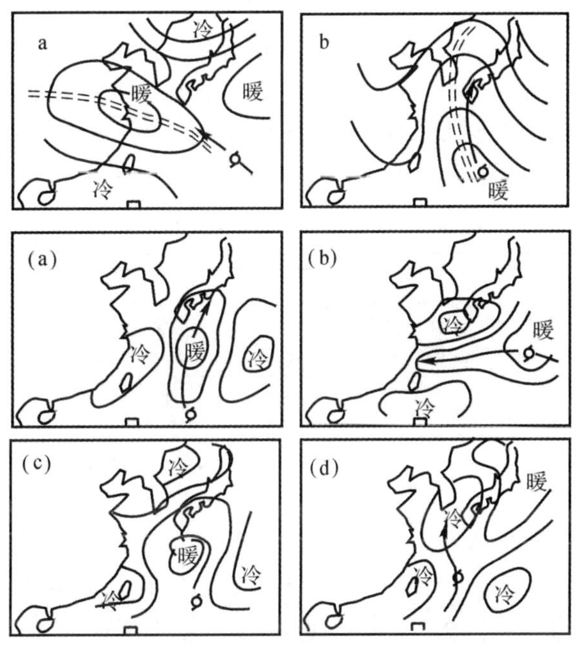

图 2-9　两类台风温度场特征 a,b 和 4 种海温分布型与台风路径的关系(a)(b)(c)(d)

六月初八(21 日)夜西安各郡地大震，自西北来，有声如雷，环室庐，压人无算。次日又微震，秦州为甚，震百余日，山皆倒置，水上高原，城郭、衙舍一无存者，自是数月震，经年震，大小震凡三年止。其他各地如河南、河北、山西、广东、云南、山东、江苏亦各有震。

1999 年 9 月中国台湾南投 7.6 级大震。在 1～8 月 5 级以上地震中国台湾就发生过 7 次，琉球 8 次，日本本洲沿海 22 次。1654 年与 1999 年地震背景不同，1654 年为大陆地震，大陆较暖，利于台风登陆；而 1999 年太平洋地震带地震多，海洋偏暖，台风路径偏向东北，如 7 号台风登陆朝鲜半岛，造成朝鲜特大涝灾。

从以上分析可以看出，1999 年与 1654 年地震差异太大，地震影响了台风路径，台风亦是大气环流运动的一部分，因此形成不同的天气情况。地震对大气环流运动及超长期天气预报都是不可忽视的重要因素。

第2节　日食与地震效应的数学模拟计算

现在的科学技术对未来日食的计算可以精确到秒，而地震预报还是一个大的科学难题。全球地震观测从1900年以来才比较完整。因此，在2002年，以近100年的6级以上地震资料的平均值作为预报值，大气环流模型采用南京大学大气科学系钱永浦、郭晓岚的五层混合模型，由南京大学大气科学系江敦春教授、张耀存教授、黄安宁副教授负责模拟计算，日食计算由河南省地理科学研究所周克前研究员负责，从2002—2011年连续10年的计算，基本上还是可用的。2002年成功预报了长江两湖区大暴雨，预报区基本上与实况符合，如图2-10所示。

图2-10　2002年6～8月全国旱涝趋势图

大气环流模型算出的雨量亦是毫米级，经初步研究认为 10mm 模型雨量约相当于实际降雨距平的 10%，今选择淮河流域 8 个站，即枣阳、汉口、黄石、郴州、长沙、新化、桃源、岳阳，以 2002 年 6 月、7 月、8 月模型雨量与实际降雨对比，各站模型雨量与实际降雨量见表 2－2。最大实况较预报值大 60%，如郴州站。最小为枣阳站，偏少 10%，平均预报比实况偏大 23%。

表 2－2　2002 年长江中游枣阳等 8 站环流模型雨量与实际降雨统计表

单位：mm

站名	6 月	7 月	8 月	合计	百分数	备注
枣阳	108	163	161.2	432.2		
	(180)	(130)	(110)	(420)	97%	
汉口	231.9	164.9	130.2	527		
	(200)	(220)	(200)	(620)	117%	
黄石	224.5	177.3	163	564.8		
	(200)	(240)	(150)	(590)	104%	
郴州	243	119	193	555		
	(290)	(300)	(300)	(890)	160%	1.108 为预报值
长沙	219.6	255	152.7	627.3		2.(180)为实况
	(200)	(250)	(190)	(640)	102%	
新化	196.5	130	180	506.5		
	(280)	(240)	(200)	(720)	142%	
桃源	189.5	142	219.9	551.4		
	(250)	(210	(200)	(660)	120%	
岳阳	229.5	102	155.2	486.7		
	(180)	(300)	(200)	(680)	140%	

2003 年预报汛期 6～8 月我国淮河为全国暴雨区中心，这是在全国唯一提出淮河有暴雨的一份预报，如图 2－11 所示。2003 年 6 月 22 日至 7 月 22 日淮河流域有 7 次强降雨过程，是 1954 年以来第二个多雨年份。安徽太和降水量最大日，降水量为 249.3mm，淮河干流出现 3 次洪水过程，淮河干流吴家渡(蚌埠)7 月 6 日最大流量为 8 560m^3/s，而 1954 年 8 月 6 日为 11 600m^3/s，接近 30 年一遇。安

徽、江苏、河南三省受灾面积为 8 265 万亩，成灾 5 460 万亩，直接经济损失达404.4 亿元，预报是极为成功的，如图 2－12～图 2－14 所示。

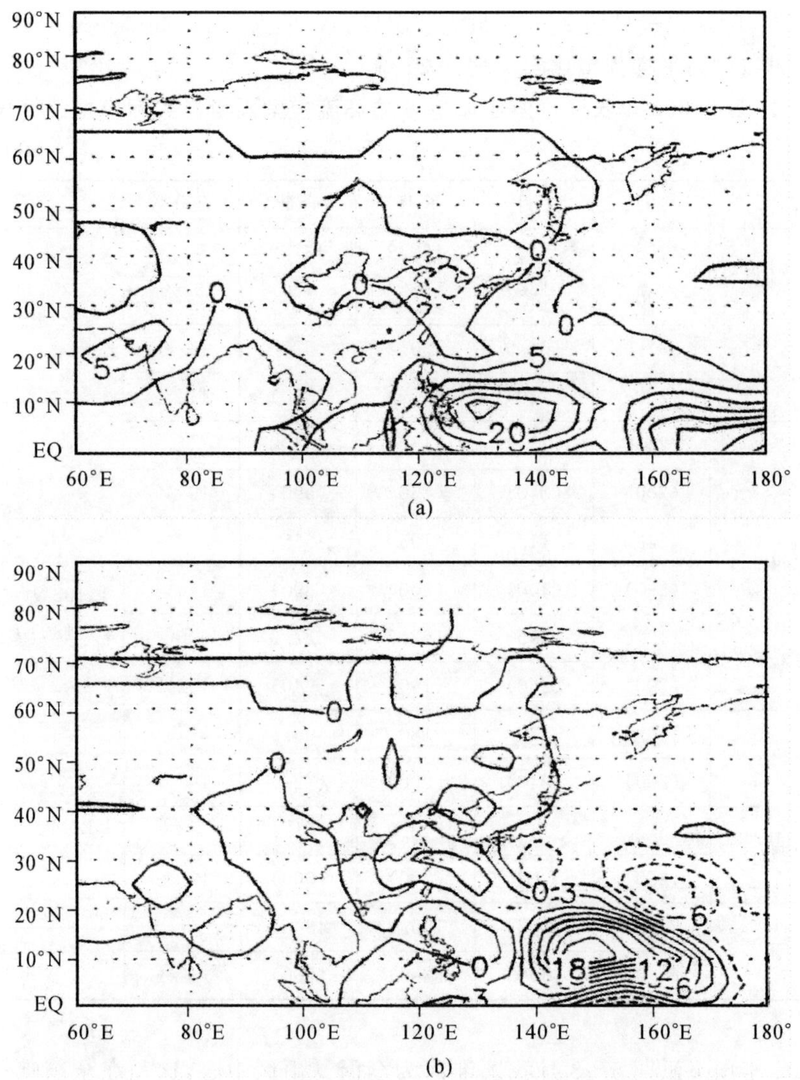

图 2－11　东亚地区 2003 年 6，7，8 月份平均降水量差值场

（差值场等于敏感试验减去控制试验）

(a)6 月份；(b)7 月份

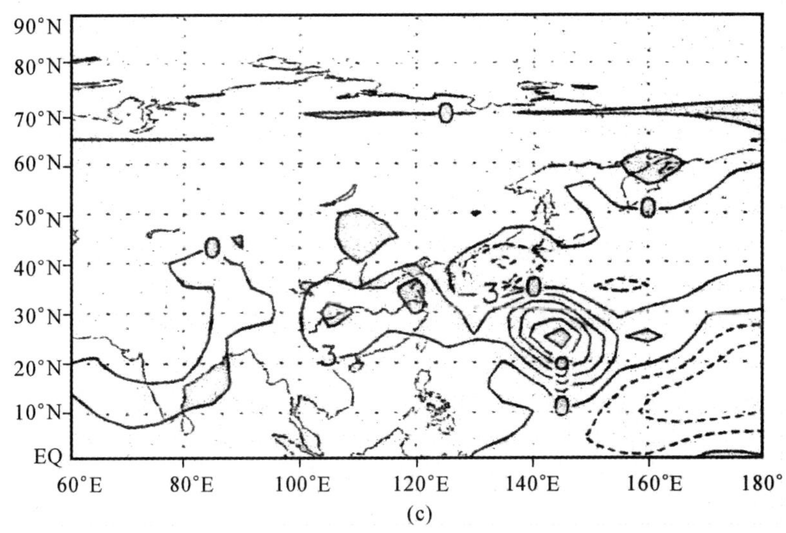

续图 2-11 东亚地区 2003 年 6,7,8 月份平均降水量差值场
（差值场等于敏感试验减去控制试验）
(c)8 月份

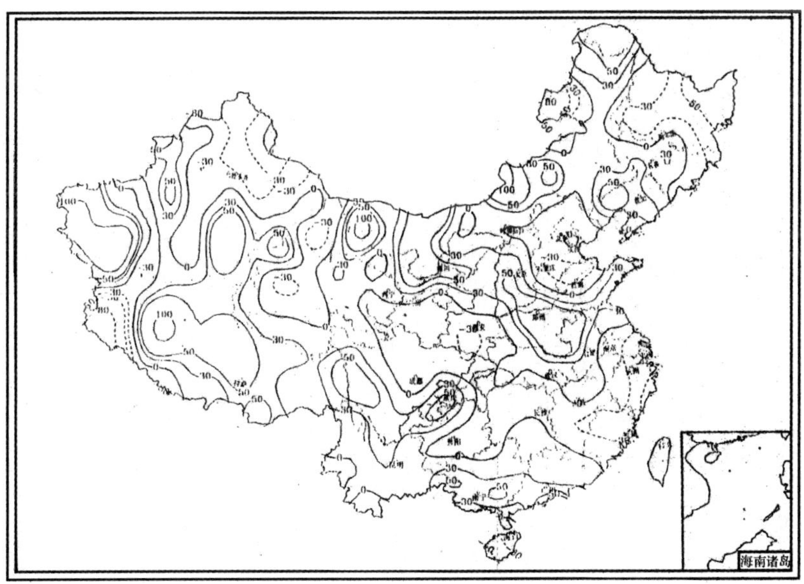

图 2-12 2003 年 6 月全国降水量距平百分率图

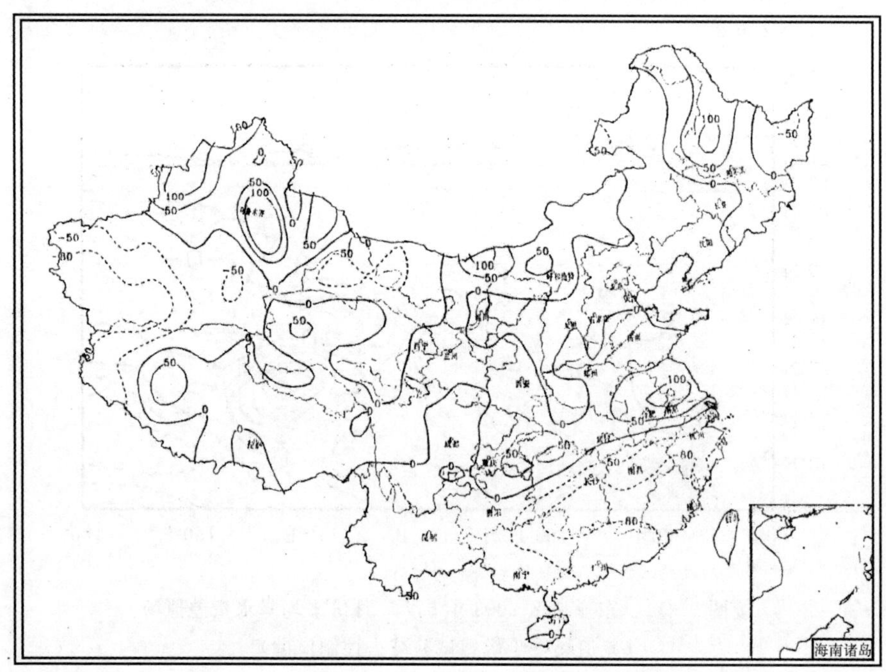

图 2－13　2003 年 7 月全国降水量距平百分率图

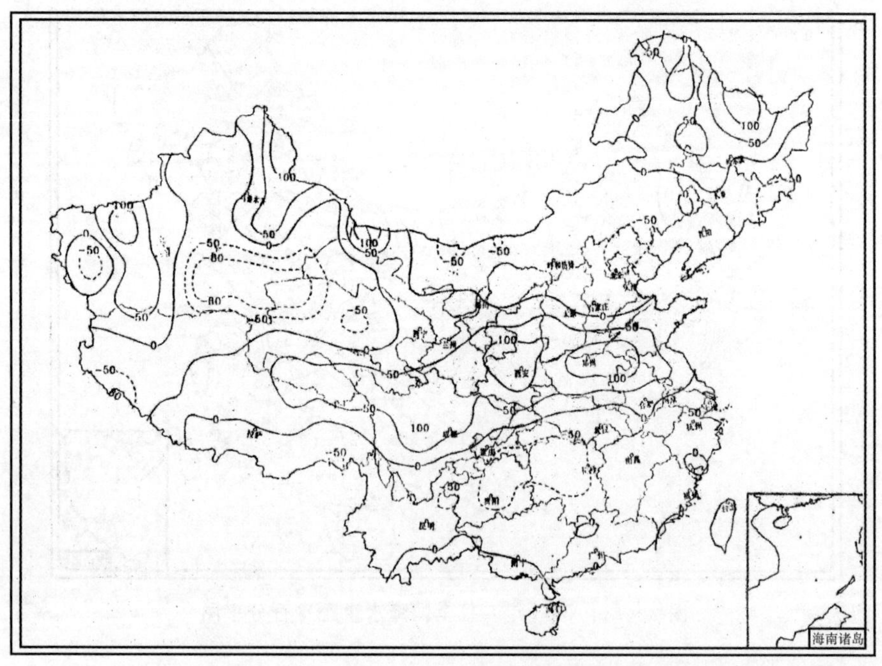

图 2－14　2003 年 8 月全国降水量距平百分率图

大气环流模型算出的雨量亦是毫米，经初步研究认为 10mm 模型雨量约相当于实际降雨距平的 10%，今选择淮河流域 12 个站，即六安、阜阳、正阳关、涡阳、蚌埠、宿县、商丘、南湾、息县、桂庄(汝南)、漯河、盐城，以 2003 年 6 月、7 月、8 月模型雨量与实际降雨对比，各站模型雨量与实际降雨量见表 2－3。

表 2－3　2003 年淮河流域各站环流模型雨量与实际降雨统计表

单位：mm

站名	6 月	7 月	8 月	合计	百分数	备注
六安	128	165.3	123.9	417.6		1. 128 为预报降雨 2. (200)为实况
	(200)	(268)	(120)	(588)	140%	
阜阳	173	199.7	124.6	497.3		
	(200)	(410)	(220)	(830)	167%	
正阳关	120.9	205.2	121.6	447.7		
	(200)	(220)	(190)	(610)	136%	
涡阳	89.9	211.6	133.7	435.2		
	(200)	(426)	(270)	(896)	206%	
蚌埠	111.4	210.1	154.1	475.6		
	(200)	(327)	(200)	(727)	153%	
宿县	118	240.7	181.5	540.2		
	(200)	(390)	(280)	(870)	161%	
商丘	76.1	208.3	127.8	412.2		
	(180)	(240)	(280)	(700)	169.8%	
南湾	147	211.1	170.1	528.2		
	(200)	(200)	(200)	(600)	113.6%	
息县	126.5	184.6	121.9	438		
	(200)	(200)	(200)	(600)	137%	
桂庄	114.7	187.6	153.3	455.6		
	(200)	(180)	(240)	(620)	136.3%	
漯河	86.1	202.4	154.8	443.3		
	(180)	(220)	(250)	(650)	146.6%	
盐城	122	256.4	237.6	616		
	(120)	(400)	(220)	(740)	120%	

从以上计算看，2003 年实况比预报雨量偏大最多的为涡阳站，为 206%，最小的为南湾，为 113%，平均实况比预报雨量偏大约 49%，2002 年则偏大 20%，1993 年则偏大 12%。在模拟计算中，日食计算是绝对准确的，而地震资料 1993 年用的是实况，2002 年、2003 年用的是多年平均值，有所不同，这还有待进一步探讨。由

于大气环流模型步长是一小时，即每一小时要计算一次，可以算出全球各地每小时雨量，24 小时相加为每天雨量，30 天相加为月雨量，有各天的模型雨量，转换成实际雨量，可为较大型流域(比如 3 万～5 万平方千米以上)的超长期洪水预报提供可靠的基础。

2004 年 5～8 月地震与日食效应旱涝趋势，如图 2-15～图 2-16 所示，旱涝区域由我国东北经淮河至长江下游到珠江及长江上游。2004 年，我国珠江、西江、闽江、淮河、辽河等发生特大洪水，预报与实况基本一致，如图 2-17 所示。2004 年对北半球其他区域的预报亦是准确的，如美国俄亥俄河洪水，米错博利斯站 6 月 12 日洪水流量达 700 000 ft^3/s(1ft^3＝0.028 317m^3)，密苏里河噶斯考内得站 8 月 31 日洪水流量达 166 000ft^3/s，如图 2-18 所示。

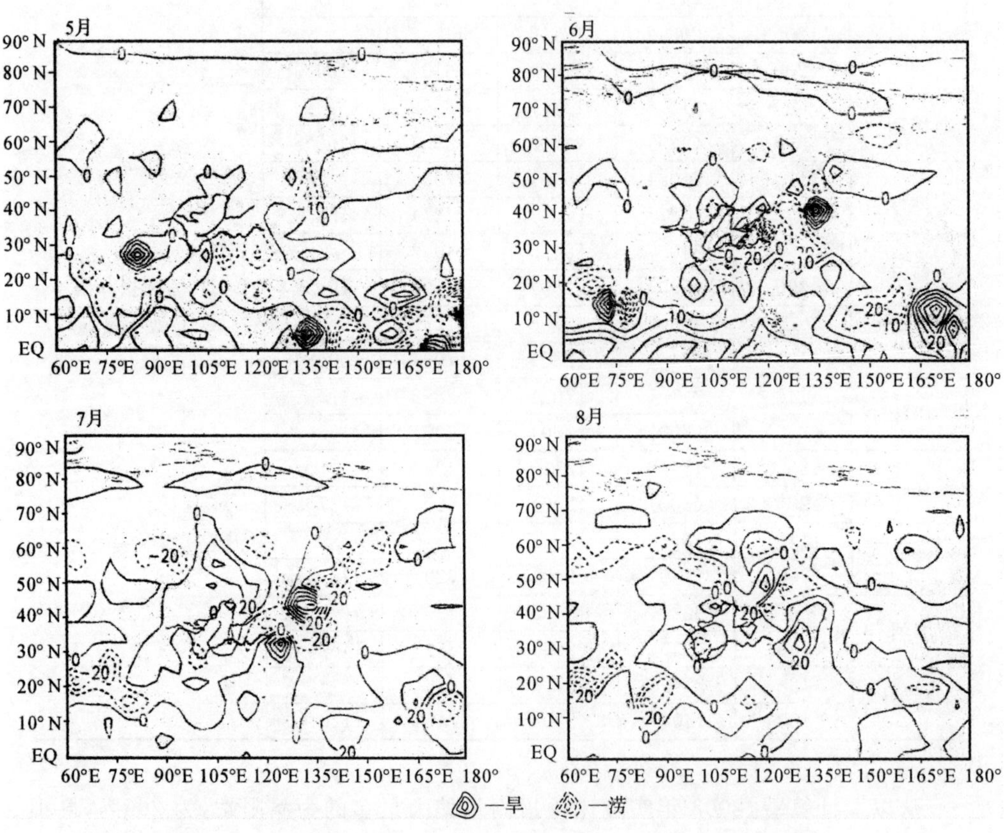

图 2-15 东亚 2004 年 5～8 月旱涝趋势图(日食与地震效应)
五层综合大气环流模型

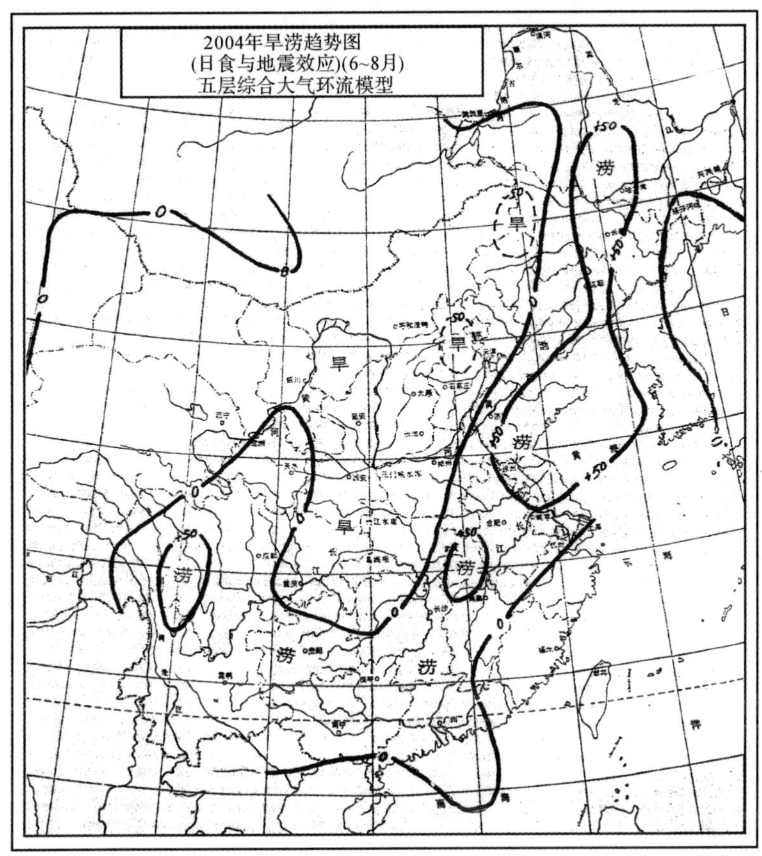

图 2－16　2004 年全国旱涝趋势图

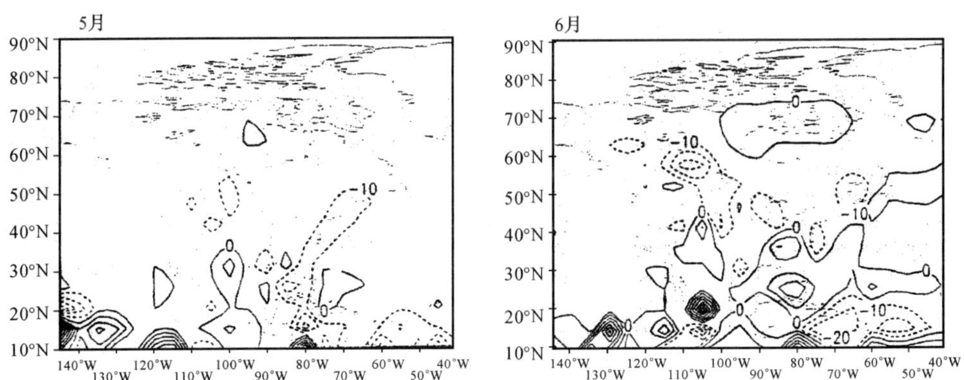

图 2－17　北美洲 2004 年 5～8 月旱涝趋势图

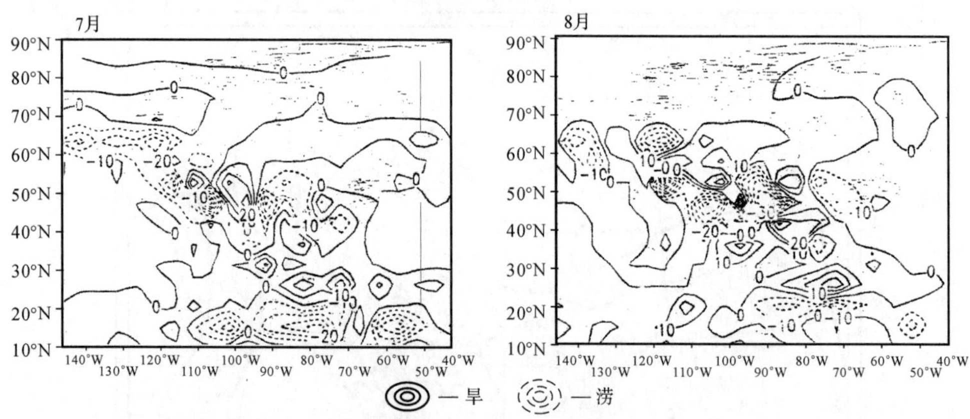

续图 2-17　北美洲 2004 年 5～8 月旱涝趋势图

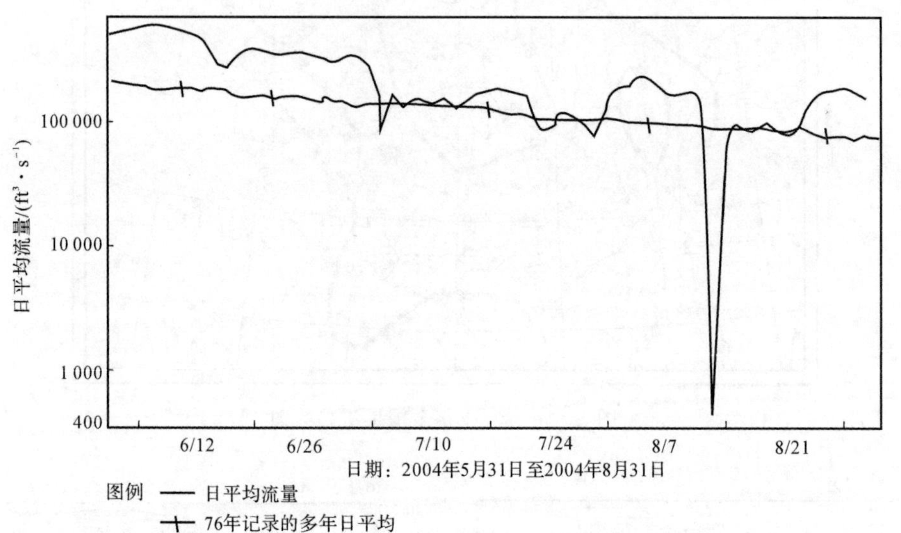

图 2-18　2004 年美国俄亥俄河米错博利斯站日平均流量与多年日平均流量对比图

2005 年预报我国夏季主雨带为东北—西南向，如图 2-19 所示。2005 年珠江、闽江、淮河上游和辽河发生了大洪水，其中珠江西江发生了超百年一遇特大洪水，珠江三角洲马口水文站 6 月 24 日洪峰流量达 52 100m^3/s，大于历史最大流量——1994 年的47 000m^3/s，重现期超过 200 年；辽河、淮河上游为 20 年一遇大洪水；金沙江干流石鼓站 8 月 12 日流量达 8 950m^3/s，超过历史上 1972 年的 7 550m^3/s，7 月、8 月份长江干流重庆寸滩站流量 6 次超过 40 000m^3/s。2005 年是全国降雨最多的一年，比常年同期偏多 28.8mm，相当于全国多降水 2 780m^3，增加了 1 390m^3 地下水。2005 年汛期 6～8 月降水距平如图 2－20 所示，预报是正确的。2005 年预报多瑙河下游、伏尔加河、第聂伯河洪水亦是准确的。2005 年预报美国南部沿海多雨区与淹没新奥尔良的飓风路径极为接近，如图 2－21 所示，这是超长期天气预报的一条新路(该方法已取得专利)。

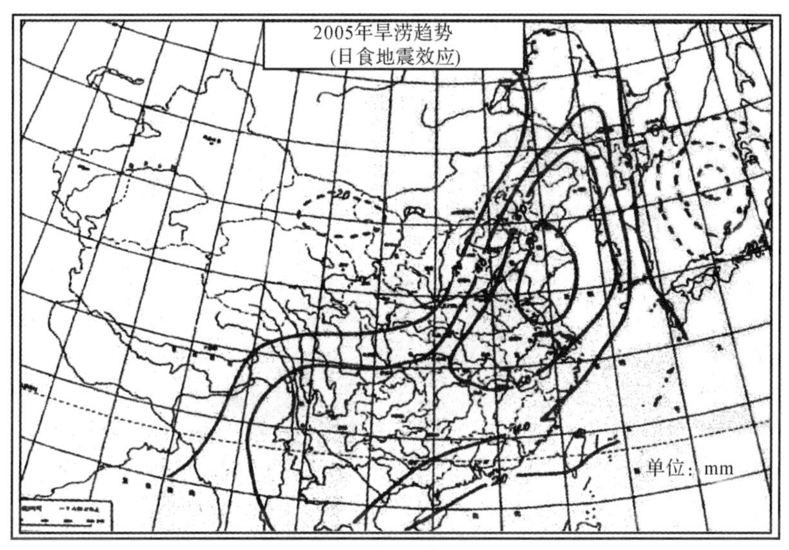

图 2－19　我国 2005 年旱涝趋势图(日食地震效应)

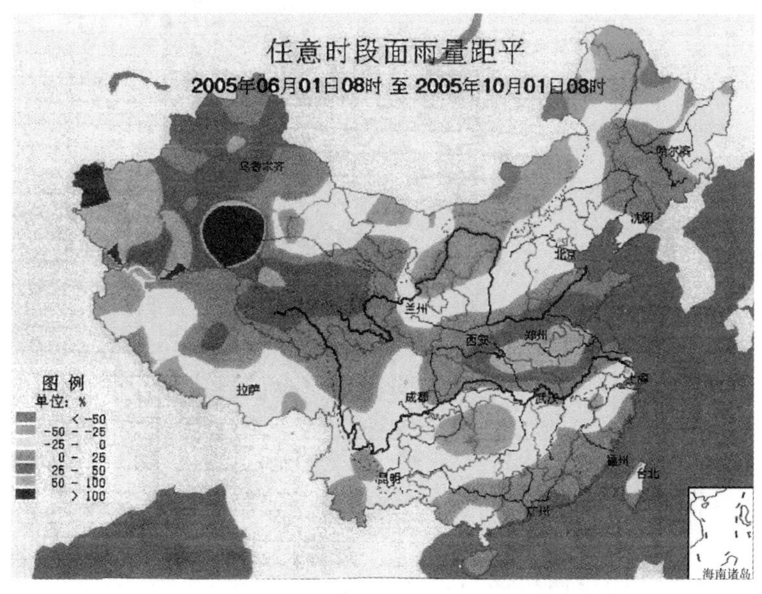

图 2－20　2005 年汛期 6～8 月降雨距平图

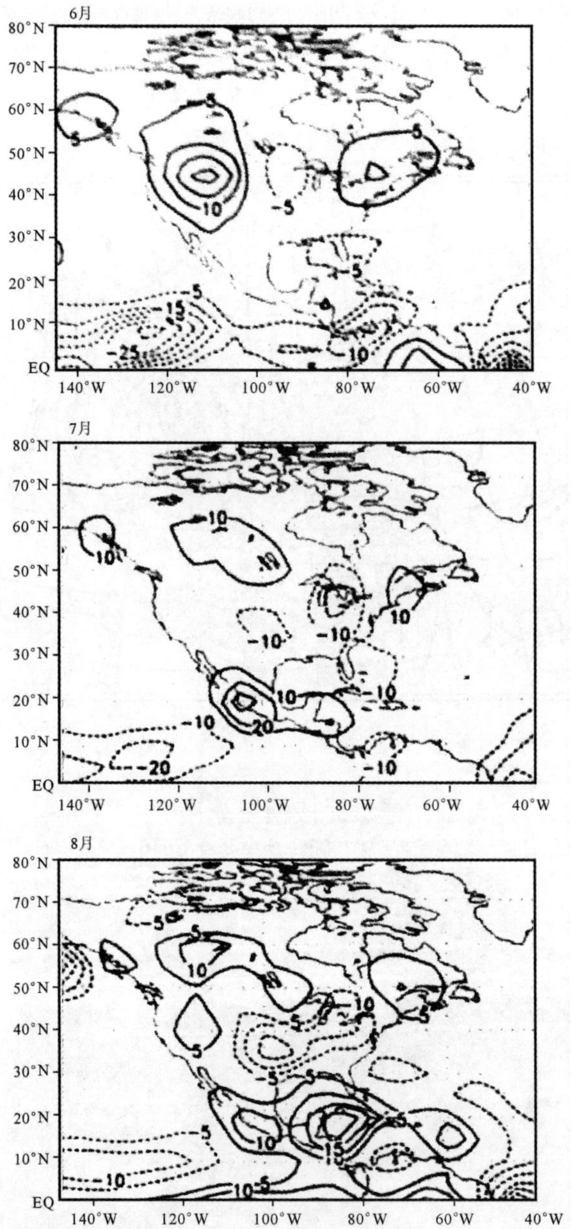

图 2-21　北美 2005 年 6～8 月旱涝趋势预报图(日食与地震效应)

2008 年 5 月 12 日,四川汶川发生了 8 级大地震,美国宇航局 Dr. Dimiter

Ouzounov 在 4 月 28 日至 5 月 6 日用卫星热红外方法观测到在汶川震中区域有 $400 \times 10^4 km^2$ 的增温区，增温高达 10℃。2008 年，日食与地震效应未考虑此地震的影响，后在 2008 年 6 月 6 日用原方法又重新作了计算，加入汶川 8 级大地震增温的影响，计算后表明，汶川 8 级大地震对地震后大气环流运动有明显的影响，原计算如图 2－22、图 2－24 所示，又重新计算如图 2－23、图 2－25 所示。原暴雨中心已由日本移入中国大陆，暴雨范围达 9 省区，而日本变为旱区，这与当年实况是符合的。这说明地震对大气环流运动有不可低估的影响，特别是大地震。

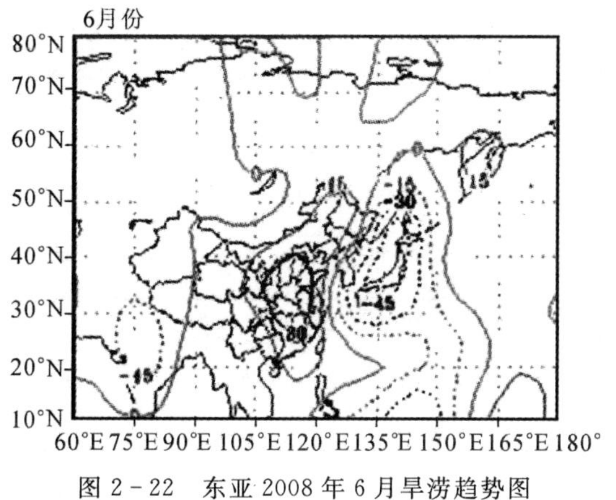

图 2－22　东亚 2008 年 6 月旱涝趋势图

（未考虑汶川地震影响）

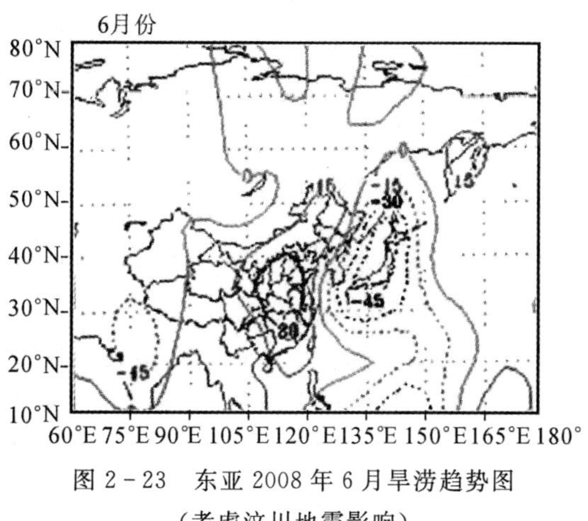

图 2－23　东亚 2008 年 6 月旱涝趋势图

（考虑汶川地震影响）

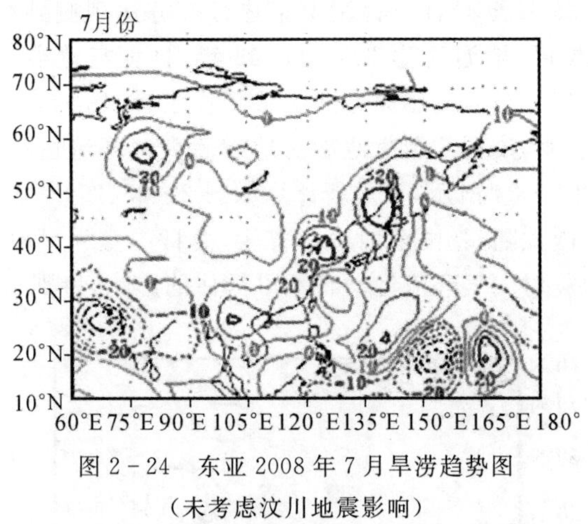

图 2-24　东亚 2008 年 7 月旱涝趋势图

（未考虑汶川地震影响）

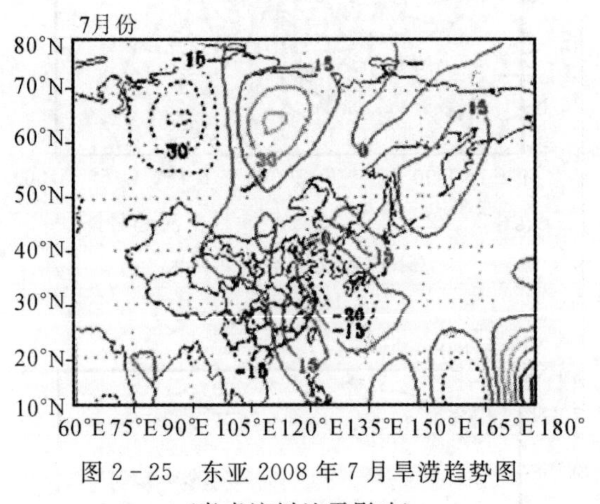

图 2-25　东亚 2008 年 7 月旱涝趋势图

（考虑汶川地震影响）

预报亦有不足之处，如 2010 年预报黄河中游 10 月将出现秋季大涝，三门峡将有 15 000m^3/s 的千年一遇洪水，而实际只有 1 500m^3/s，如图 2-26 所示。这与地震取 100 年的平均值有关，因为是固定地区、固定震级，经对照，有的年份地震可对上 70%，震级比预报的小，而有些年份地区只能对上 10%，所以有些年份计算不准。

2011 年改用日食发生前后当月发生的地震作为地震影响大气环流运动的因素。2011 年是极区日食年，由于极区大面积降温，大气热机做功能力增强，是全球灾害发生较多的年份，如我国 1870 年长江上游万年一遇大洪水、1931 年长江大洪水、1877 年(清光绪三年)华北大旱、1942 年华北大旱，美国 1993 年密西西比河大水，这些年都是极区日食年。

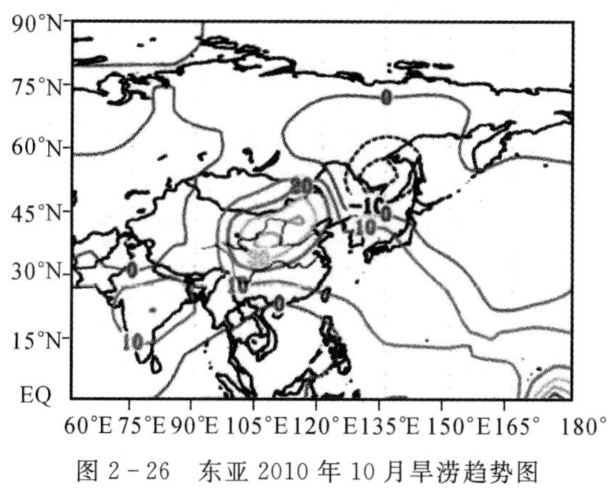

图 2-26　东亚 2010 年 10 月旱涝趋势图

2011 年从 7 月中旬开始，猛烈的季风雨侵袭东南亚地区，引发湄公河流域泥石流和大范围洪涝灾害。泰国 77 个省中有 60 个省份、820 万人次受灾害影响。洪水持续 4 个月，10 月下旬洪水淹进首都曼谷。此次洪水波及泰国、越南、柬埔寨和老挝 4 个国家，大约 150 万公顷稻田被严重洪水摧毁或者面临危险。其中，泰国已经受灾 100 万公顷，柬埔寨受灾 10 万公顷，老挝受灾 6 万公顷，越南受灾 0.6 万公顷。7 月，受热带季风影响，巴基斯坦发生洪水，淹没了可耕地区的水稻和其他地区的农田，经济损失近 20 亿美元。受灾人口约 1 000 万人，死亡约 800 人，失踪约 200 人。这是当地自 1929 年以来最严重的一次洪灾。如图 2-27～图 2-31 所示，是 2011 年东南亚 7～11 月预报图，预报是非常准确的。

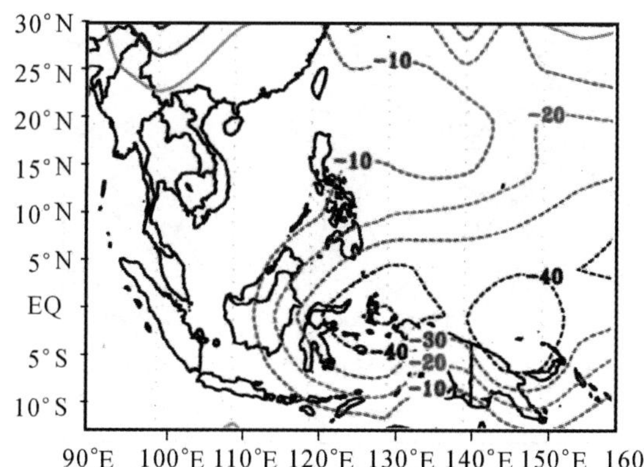

图 2-27　东南亚 2011 年 7 月旱涝趋势图(日食与地震效应)

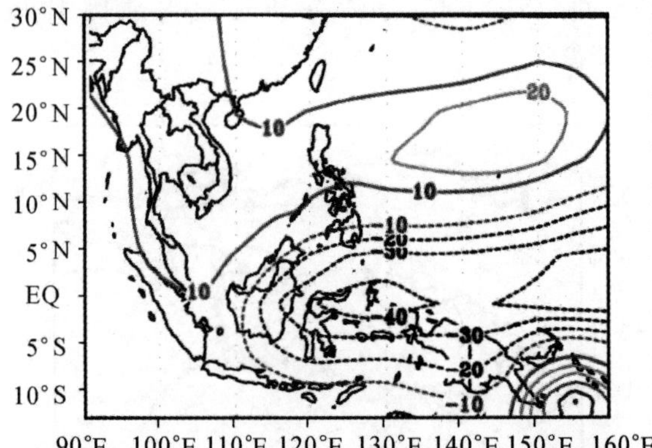

图 2－28　东南亚 2011 年 8 月旱涝趋势图(日食与地震效应)

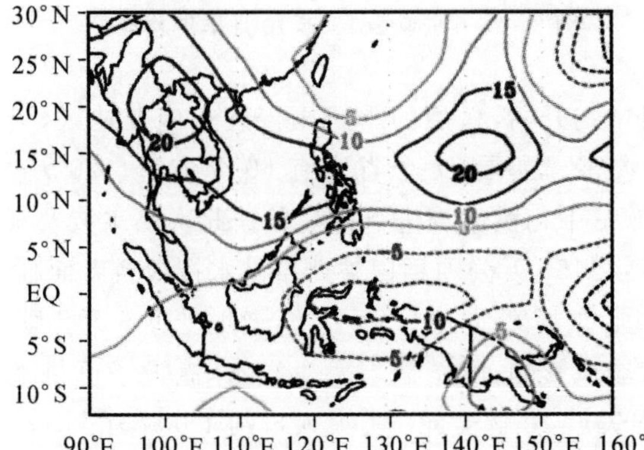

图 2－29　东南亚 2011 年 9 月旱涝趋势图(日食与地震效应)

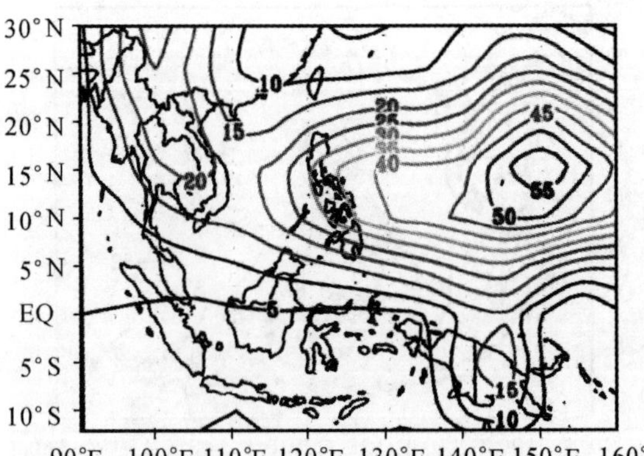

图 2－30　东南亚 2011 年 10 月旱涝趋势图(日食与地震效应)

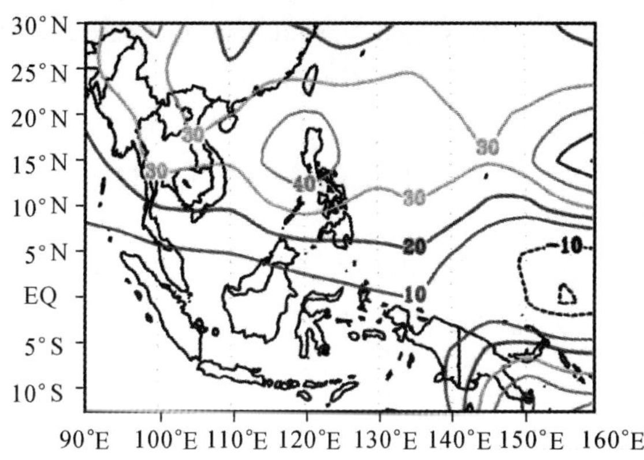

图 2-31　东南亚 2011 年 11 月旱涝趋势图(日食与地震效应)

美国密西西比河 5 月遭遇 70 年一遇的洪水，是由明尼苏达州、达科他州大雨和大规模融雪所致。由于主要是大规模融雪所致的融雪洪水，2010 年下半年及 2011 年上半年的预报图未有显示。此次洪水是自 20 世纪初以来唯一波及美国中部的大洪水，田纳西州孟菲斯市水位高达 14.6m，逼近 1937 年 2 月 14.8m 的纪录。除孟菲斯外，密西西比河沿岸多个州市遭遇洪水危险。位于河流上游的伊利诺州、密苏里州已经遭遇洪水袭击，阿肯色州、密西西比州和路易斯安那州的水位均超过危险水位。5 月，由于美国中西部遭受特大洪水灾害，美国陆军在 5 月 3 日将俄亥俄河与密西西比河交汇处的一道河堤炸开，以挽救伊利诺州和肯塔基州的多个城市。并打开密苏里州的新马德里大坝排洪道，以降低密西西比河上游高涨不下的水位，泄除周围被淹城市的洪水。洪水冲入了密苏里州的内布拉斯加核电站，由于核电站厂房地势较高，未受到影响。同时西南部德克萨斯州等异常干旱，2011 年 3 月预报已有显示，如图 2-32 所示。

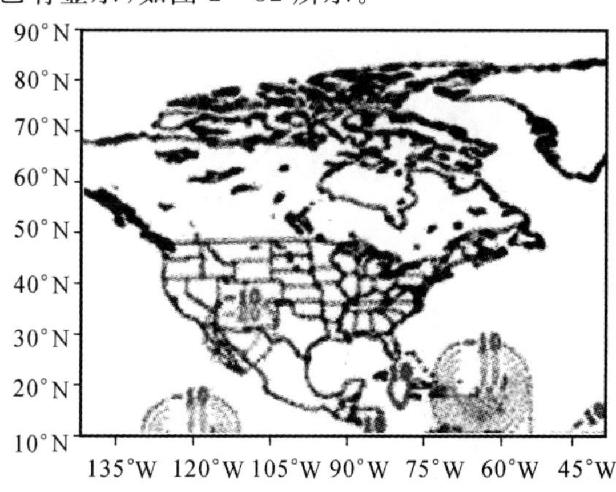

图 2-32　北美 2011 年 3 月旱涝趋势图(日食与地震效应)

韩国2010年7月26～27日连降大雨，在首尔地区以及韩国中南部，雨量超过110mm/h。26日，首尔17h内降雨超过400mm。在春川地区，两天内降雨量超过260mm。在汉江以南地区雨势尤大，一些街道水深至膝。洪水和泥石流切断韩国36条重要道路。首尔32条主要道路交通中断，全国超过6.6万户居民遭遇断电，2011年7月预报图有显示，但雨区偏北。

2010年9月3日，12号台风“塔拉斯”使日本各山、奈良、山重等县遭受重大人员伤亡或财产损失，43人死亡，56人失踪。

第三章 后报检验

科学是可以重复的，如不能重复，则不能视为科学结论。

1998 年汛期，长江流域出现了仅次于 1954 年百年一遇的大洪水，1998 年 3 月底由中国气象局国家气候中心和水利部水利信息中心联合主持召开 1998 年汛期全国旱涝趋势预测会商会，有来自全国各区域气象中心和有关省气象局、水利部七大江河流域委员会、中国科学院、北京大学、南京气象学院、中国人民解放军参谋部气象中心特邀专家共 107 人，会商会最后综合了各家意见，形成了 1998 年全国汛期旱涝气象趋势预报意见："预计今年汛期我国多雨的范围将比去年大，部分地区的洪涝可能较重。夏季(6～8 月)有两条主要雨带，一条将位于长江至江南地区，另一条位于华北中部至黄河中上游地区。"其预报图如图 3-1 所示。

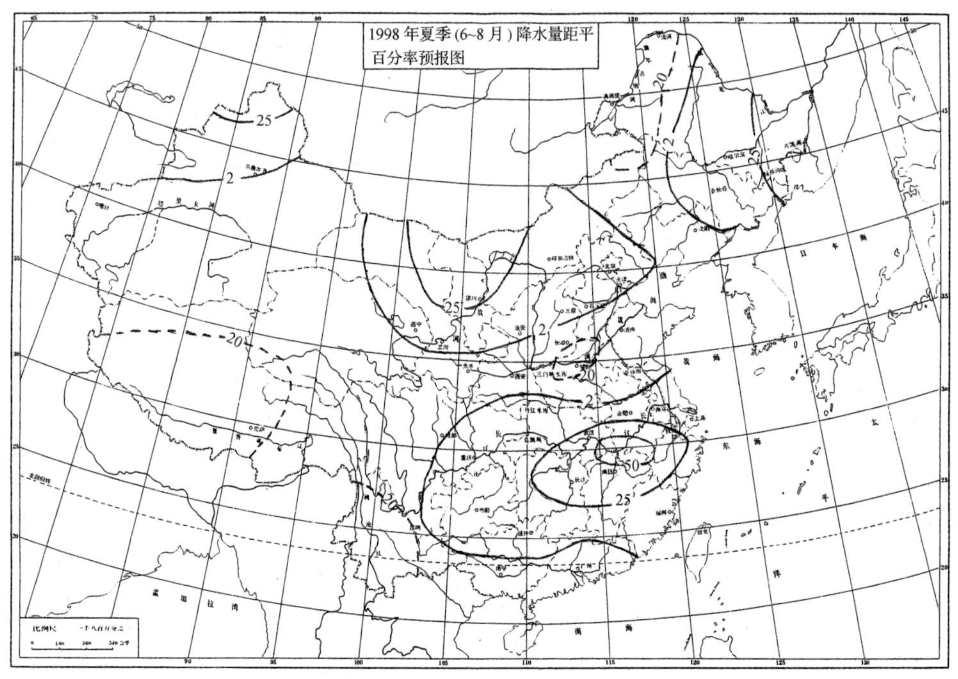

图 3-1　1998 年夏季(6～8 月)降水量距平百分率预报图

这一预报意见及预报图基本上还是正确的，但主要依据什么来预报并未加以说明，这是今后无法仿效进行操作的，具有一定的偶然性。

中国气象局国家气候中心在其所著的《1998 中国大洪水与气候异常》一书中，将出现 1998 年大洪水的主要原因归纳为以下 7 个方面：气候背景、厄尔尼诺、青藏高原积雪、亚洲季风、阻塞高压、副热带高压、赤道辐合带。

其中，青藏高原积雪、亚洲季风、阻塞高压、副热带高压、赤道辐合带这 5 项都是在一定的环流形式下形成的，不是形成 1998 年大洪水的原因，需要考虑的是什么因素形成这样的阻塞高压形式、副热带高压位置等。至于气候背景，更不是形成 1998 年大洪水的原因，因为去年或前几年涝，不一定今年就出现涝。今年亦可能涝，亦可能旱，没有因果关系。

至于厄尔尼诺、拉尼娜，这是气象学界常提到的两个一定海域海温变化的情况，一为海温升高，一为海温降低。形成海温升高、海温降低的原因，笔者在《论日食与厄尔尼诺、拉尼娜的关系》(见《福建天文》2005，8(2))中已有详尽论述。这两种现象都与日食有关，厄尔尼诺是信风减弱的一种环流现象，与极区日偏食有关。有极区日偏食就一定会出现这种环流现象，这是一定环流形式的结果，不是形成大气环流变化的原因。拉尼娜是太平洋日食月影区的降温区，对大气环流有一定的影响，不如极区日偏食那么显著，亦不是 1998 年大洪水的主要原因。

实践是检验真理的唯一标准，日食与地震是影响大气环流运动形成水旱灾害的主要原因，这是无可争辩的事实！

如果日食与地震是影响大气环流运动的主要因素，则在事后日食与地震这两个因素都是已知的，应能回算出原来的情况。以 1999 年华北大旱及 1993 年美国密西西比河有历史记录以来第二大洪水为例，1993 年圣路易站洪峰流量为 31 000m^3/s(1844 年为 37 000m^3/s)。2001 年委托大气物理研究所李崇银院士、龙震夏助理研究员进行模拟计算，地震数据取用该年 6.5 级以上地震，日食则计算出该年各格点各时段的食分。经计算，再现了 1999 年华北大旱，如图 3－2 所示。

1993 年密西西比河暴雨区各站降雨量如图 3－3 和图 3－4 所示。经过模拟计算，亦再现了 1993 年密西西比河暴雨区，如图 3－5 所示，与实际暴雨区基本接近。如单用日食因子进行模拟计算，则暴雨区比实况小，如图 3－6 所示。由此，进一步证明日食与地震是影响大气环流运动的主要因素。

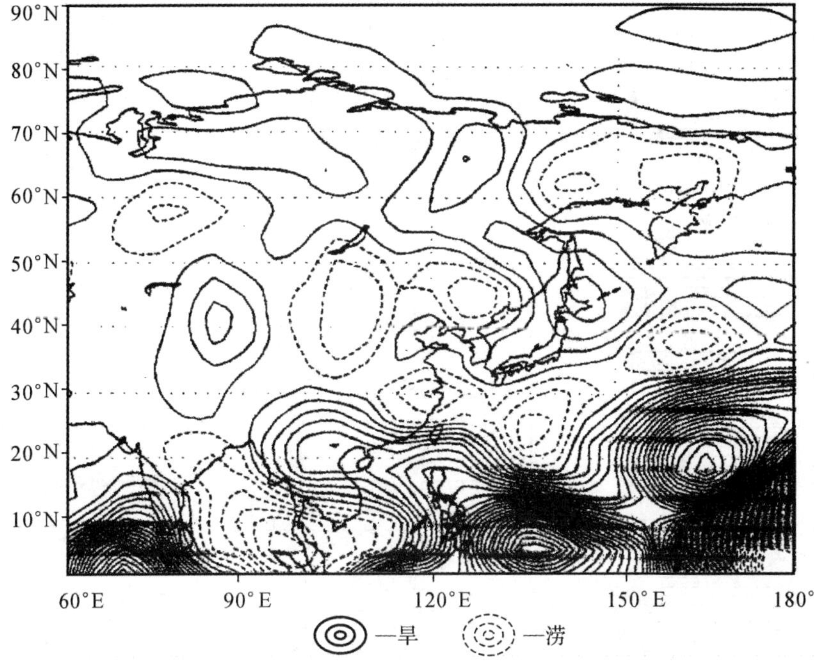

图 3-2　1999 年 6～8 月日食、地震效应数学模拟计算

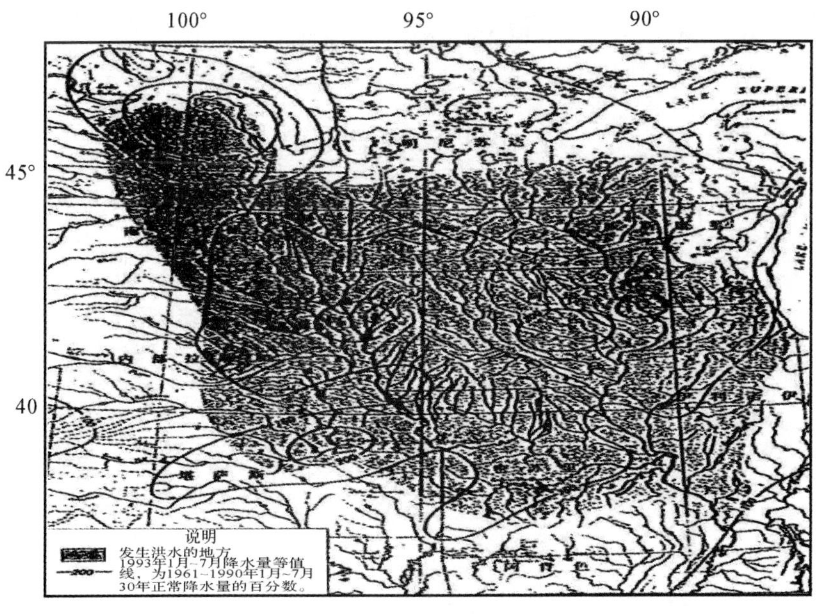

图 3-3　密西西比河上游的降水量(1993 年 1～7 月)

(图中数字系与平水年之比(%))

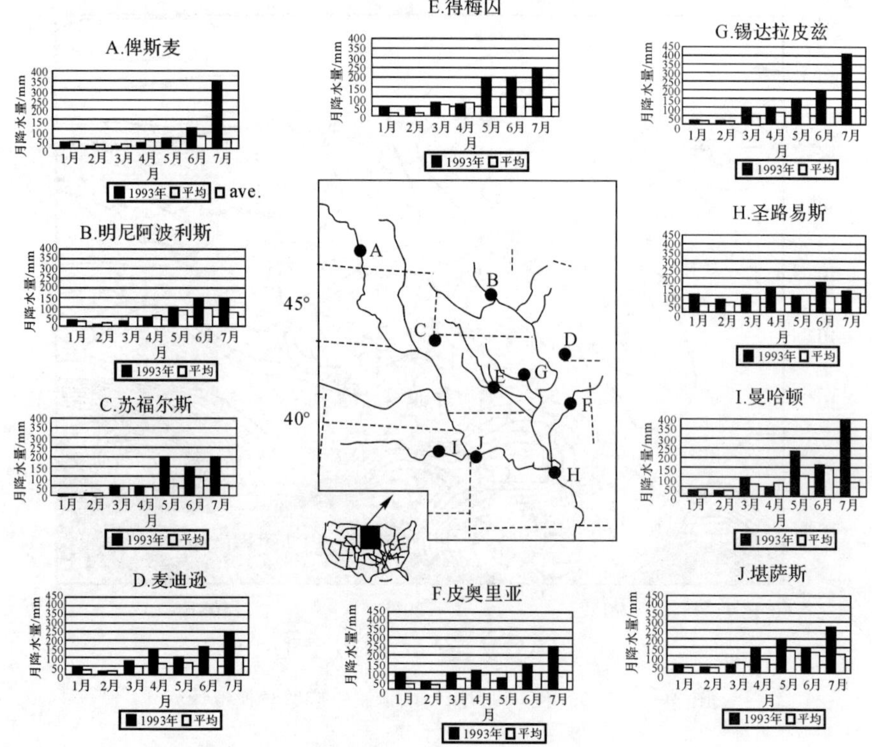

图 3-4　密西西比河上游各站的降水量(1993 年 1～7 月)

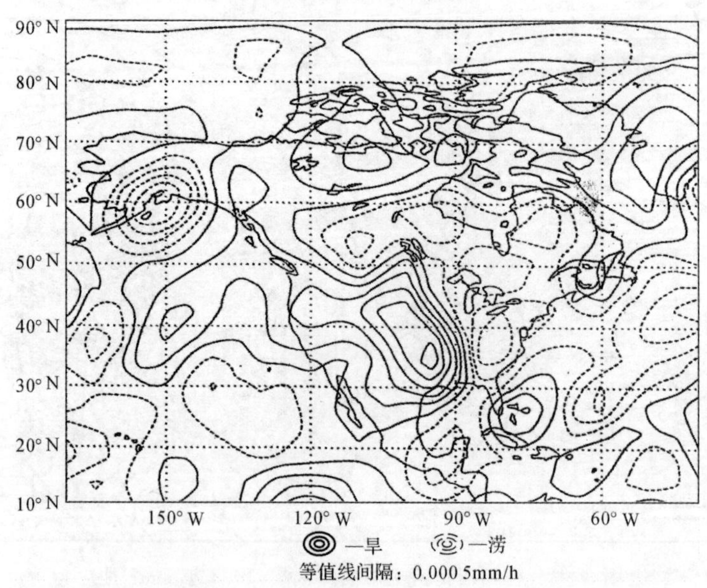

图 3-5　北美洲 1993 年 4～7 月旱涝趋势图(日食、地震效应)

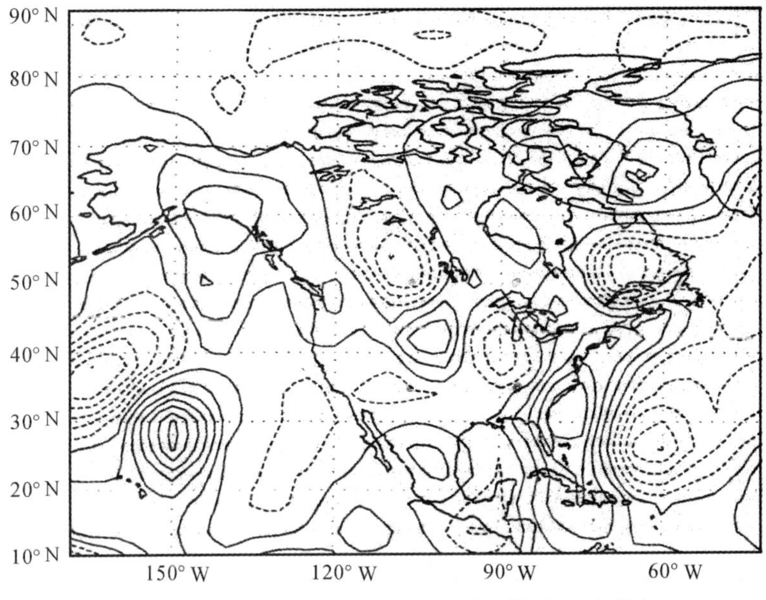

图 3－6　北美洲 1993 年 4～7 月旱涝趋势图(日食效应)

两层大气环流模型算出的雨量是毫米，经初步研究认为 10mm 模型雨量约相当于实际降雨距平的 10%，今选择密西西比河流域 10 个站，即俾斯麦、明尼阿波利斯、苏福尔斯、麦迪逊、得梅因、皮奥里、锡达拉皮兹、圣路易斯、曼哈顿、堪萨斯，以 1993 年 4 月、5 月、6 月、7 月日食效应、日食地震效应模型雨量与实际降雨对比，各站模型雨量与实际降雨量见表 3－1。

表 3－1　1993 年俾斯麦等 10 站环流模型雨量与实际降雨统计表

单位：mm

站名	4 月	5 月	6 月	7 月	合计	百分数
俾斯麦	[68]	[50]	[126]	[106]	[350]	
	50	55	170	104	379	
	(30)	(60)	(115)	(350)	(555)	146%
明尼阿波利斯	[103]	[30]	[10]	[120]	[263]	
	102	90	100	152	444	
	(50)	(100)	(157)	(150)	(457)	103%

续表

站名	4月	5月	6月	7月	合计	百分数
苏福尔斯	[84]	[70]	[103.8]	[224]	[481.8]	
	84	127	214	214	639	
	(60)	(210)	(165)	(200)	(635)	99.4%
麦迪逊	[94]	[0]	[0]	[90]	[184]	
	195	80	100	0	375	
	(145)	(100)	(170)	(250)	(665)	177%
得梅因	[151]	[70]	[0]	[90]	[311]	
	278	223	209	0	710	
	(75)	(200)	(200)	(250)	(725)	102%
皮奥里	[100]	[0]	[0]	[82]	[182]	
	316	250	100	0	666	
	(125)	(80)	(150)	(250)	(605)	91%
锡达拉皮兹	[114]	[0]	[0]	[100]	[214]	
	246	205	110	0	561	
	(100)	(150)	(225)	(430)	(905)	161%
圣路易斯	[90]	[0]	[0]	[0]	[90]	
	316	300	180	0	796	
	(155)	(100)	(180)	(130)	(565)	71%
曼哈顿	[166]	[120]	[6]	[88]	[380]	
	281	387	316	88	1072	
	(50)	(280)	(175)	(450)	(955)	89%
堪萨斯	[160]	[40]	[0]	[110]	[310]	
	281	420	249	0	950	
	(150)	(190)	(150)	(275)	(765)	81%

备注:①[68]系日食效应模拟计算的月雨量;②50系日食与地震效应模拟计算的月雨量;③(30)系实况月降雨量;④百分系实况月降雨量÷日食与地震效应预报月雨量×100%。

以上10站百分率平均为112%,这说明日食与地震效应模拟计算的月雨量接近实况月降雨量。

从以上两章计算来看,超长期天气预报是可以用数值天气预报方法计算出来的。关键是选好大气环流模型,目前我国有曾庆存院士等的两层大气环流模型及南京大学大气科学系钱永浦、郭晓岚等的五层混合大气环流模型可供选择。其次,必须要选好影响大气环流运动的因素,如日食与地震,这亦是至关重要的。早在1984年气象学界杨鉴初先生就已指出日食影响大气环流运动是一种发现,而国内不少学者拒不认可。比如,1998年长江上中游百年一遇大水,作者早在1984年用日食相似年方法已预报出来,并在1998年得到验证。

大气运动可以一组偏微方程来表述,没有解析解,只能借助计算机采用数值方法求其近似解,电子计算机上处理的计算是离散的和有限的,不能直接描述连续性问题,所以在数值计算方法中,首先是如何把一组偏微分方程列出离散形式,有有限差分法、有限元法、特征线法、谱方法、变分法等。比较而言,以有限差分法研究最为成熟,如果给出相应的离散初始条件和边界条件,便可求解差分方程,但时间差分格式和空间差分格式的选择必须满足一些准则,即差分近似的相容性、精确性、收敛性和稳定性。这些条件在有关书籍、文献中对大气运动常见的一维平流方程的论证中均可得到满足。对非线性的不稳定,采取一些方法,如进行空间和时间平滑、方程中加扩散项、构造具有隐式平滑或某种选择性衰减作用的差分格式,亦可以得到解决。即微分方程的真解与差分方程的数值解之间的差,即实际误差(截断误差十舍入误差),是可以控制的,并不像罗仑茨所叙述的要无限放大。这充分说明:罗仑茨认为长期的天气预报是不可能的论断,是错误的。所以牛顿力学决定论的可预测性是正确的。所谓决定论可预测性,是在物体受力已知的情况下,给定了初始条件,物体以后的运动情况(包括各时刻的位置或速度)就完全决定了,并且可以预测了。实践是检验真理的唯一标准,通过上两章的计算得到验证,罗仑茨的混沌理论与蝴蝶效应认为长期天气预报是不可能的的推论是没有根据的。

第4章　水文学的危机

我国古代在黄河流域有一次大洪水的传说，这在司马迁《史记·夏本纪》第二中有明确的记载：

当帝尧之时，鸿水滔天，浩浩怀山襄陵，下民其忧。尧求能治水者，群臣四岳皆曰鲧可。尧曰："鲧为人负命毁族，不可。"四岳曰："等之未有贤于鲧者，愿帝试之。"于是尧听四岳，用鲧治水。九年而水不息，功用不成。于是帝尧乃求人，更得舜。舜登用，摄行天下之政，巡狩。行视鲧之治水无状，乃殛鲧于羽山以死。天下皆以舜之诛为是。于是舜举鲧子禹，而使续鲧之业。

……

禹乃遂与益、后稷奉帝命，命诸侯百姓兴人徒以傅土，行山表木，定高山大川。禹伤先人父鲧功之不成受诛，乃劳身焦思，居外十三年，过家门不敢入。薄衣食……卑宫室……陆行乘车，水行乘船，泥行乘橇，山行乘檋，左准绳，右规矩，载四时，以开九州，通九道，陂九泽，度九山。

这是黄河及其临近河域一次持续20余年(9年+13年)的大洪水期，按现代水文学的说法，亦是一次千年、万年一遇的稀遇大洪水。

尧、舜、禹主要活动在山西中南部、河南中西部一带。夏代约在公元前2070—前1600年，那时黄河流域是热带、亚热带气候，其根据有以下几方面。

第一，1978年发现的山西襄汾陶寺遗址，是我国考古工作的重大收获之一。陶寺遗址位于山西襄汾县城东北约7.5km的崇山西麓。这是一处300多万平方米的大型遗址，包括居住址和同时代的墓地两部分。通过放射性碳素测定手段，陶寺遗址上限应早于公元前2400年，或在公元前2500年前后，下限应在公元前1900年，历时五六百年，早期约略早出夏代一二百年，相当于传说中尧、舜、禹时期，陶寺中晚期已在夏代纪年范围内。2002—2003年又钻探了320 000m^2，发掘1 511m^2，并确认了陶寺文化早期小城、中期大城、中期小城、早期小城南部贵族居址，中期墓地及大墓、大型仓储区。其中中期大城面积达$280\times10^4m^2$，是目前我国发现的史前最大的城址。2003年又发现并确认了中期小城内的观象台，中早期核心宫殿北出入口，王墓中的木杆(测日影的圭)、小孔玉器——戚(精确测日影的景符)、扁壶朱书文字、铜铃。2009年6月21日(夏至)，陶寺史前天文台的考古天文学研究项目组利用1∶1复制品圭与戚测日影，日影成功落在红色标记之间，与《周髀算经》一尺六寸符合，可证实《尚书·尧典》"历象日月星辰，敬授人时"的真实历史背景，将我国观天授时推到距今 4 100 年前，并确认山西襄汾陶寺遗址是尧之都城。

从已发掘的 700 座墓来看，墓葬形制和随葬品的情况能区分为三型八种：

大型墓坑近方形，长 3m，宽 2m 多，使用木棺，棺底铺垫朱砂。随葬品精美，有彩绘蟠龙的陶盘，成套的彩绘木器和彩绘陶器，玉、石礼器、工具、武器、装饰品以及整猪等一二百件。墓主均为男性。依有无鼍鼓、特磬、陶异型器区分为甲、乙两种。

中型墓的墓坑长方形，尺寸比大墓略小，可分为甲、乙、丙、丁四种。甲种分布在大型墓附近，使用木棺，有的棺内铺撒朱砂，随葬成组陶器（包括彩绘陶器一二件），少量彩绘木器及玉、石礼器，装饰品共一二十件，或有猪下颌骨数副至数十副。墓主均属男性。乙种，靠近大墓左、右两侧对称分布，墓主女性，用彩绘木棺，佩戴玉、石镶嵌的头饰和臂饰，随葬彩绘陶瓶。随葬品数量不多，但精美异常。丙种使用木棺，随葬石钺、石瑗、骨笄数件，或有猪下颌骨半副至一副，唯不见陶器、木器。丁种，多数有木棺，随葬品为骨笄或石瑗、石钺、猪下颌骨的一二件。

小型墓墓坑长条形，大小仅能容尸，瘗埋极浅，以至有的骨架被后来的地层破坏殆尽。多无木质葬具，有的是用帘箔卷尸。依有无随葬品分为两种，有骨笄等小件物品一二件的墓（甲种），只占其中一小部分，大多数没有任何随葬品（乙种）。

以上三型八种墓在墓矿大小，是否用葬具，随葬品的有无、多寡、种类、质地、规格等方面的差别是显而易见的。这种类别的存在，是由死者生前社会地位和对财产的占有情况来决定的。氏族、部落内部贫富分化和鲜明的等级差别，在这里都得到最直接的反映。

大型最少，只发现 9 座，在 700 座墓中占 1.3%；中型墓约 80 座，占总墓数的 11.4%；小型墓 610 多座，占总墓数的 87%以上。上面是就全部发现笼统而言的，早、中、晚不同时期的比例关系略参差。就陶寺早期的情况来看，大型墓亦不过占 2%～3%，小型墓依然在 80%以上。大、中、小墓在数量上的比例关系，使这片墓地宛如一座由若干等级台阶构成的金字塔。塔的最底层是占人口中绝大多数、一贫如洗的氏族一般成员，有的或许就是奴隶。处在塔尖位置的大型墓，墓坑宽大，葬具讲究，随葬品丰富、精致。墓中的鼍鼓、特磬，在商、周时期都属王室重器，从而证明墓主起码是执掌祭祀和军事大权的部落显贵。

墓中的鼍鼓，即用鳄鱼皮做的鼓，说明在距今 4 500 年前，鳄鱼在黄河流域已经存在，应一直存活到西周（公元前 1046—前 841 年）时期。在商代及西周出土的青铜器中有貘尊、犀牛尊，这些都是与鳄鱼同时存在的动物。貘是性情温顺的食草动物，至今马来西亚仍有存在；鳄鱼在泰国仍存在并有饲养；犀牛在亚洲已经绝迹，目前在非洲仍有存在。

第二，商代甲骨文对象的记叙颇多，甲骨文“象”字是一个象形字，特别是《甲》2422这个“象”字，俨然是一幅写生画。在殷墟中的铜器、玉器上有许多象的艺术形象，说明殷商对象这种动物是非常熟悉的。象在商代是当地野生动物。在甲骨文中有不少狩猎时获象的记录，如“于癸亥省象，易日”(《粹》610，《京》3812)。此辞是说，于癸亥那一天狩象，天象阴蔽了么？

又：“今夕其雨，只象。”(《前》3.31.3《通》377)此甲骨文为第一期武丁时卜辞。此辞说，今天晚上下雨了，能捕获到大象么？

殷人狩象，积累了相当丰富的经验。在猎象前，是经过仔细侦察的。如：“贞令目象，若。”这一辞是问，令人去察看象的行踪，顺利么？

由于经过周密观察，掌握了野象出没的规律，有一次获7匹象。“乙亥王卜贞，田噩，往来亡灾，王占日吉，只七象、雉州。”此辞说，乙亥日王卜问，田猎于噩这个地方，往来亡灾么？王看了卜兆说，很吉利，果然打到了7匹象、30只雉。

这说明在商代这一带仍是热带、亚热带气候。

第三，2009年夏天，在河南省息县淮河河滩滩面下发现一艘古代独木舟，长9.3m，宽0.78m，高0.6m。经北京大学C^{14}测定，为商代后期的，距今已有3 000多年，这是我国已发现的20多艘古代独木舟中年代最早、体积最大、保存最完好的一艘。经中国社会科学院考古研究所树种测定，为现今云南西双版纳、海南岛生长的母生树。息县、罗山、光山为商代息族(方)活动地区，息族与商代早期武丁有密切关系，息族息夫人即为武丁之后。2001年科研人员在息县、罗山、淮滨收集的硅化木中，有母生树树种，这说明大别山区与华北黄河流域在商代都是亚热带气候。

现在靠近赤道的马来西亚(有貘的存在)、泰国(有鳄鱼、大象的存在)均为热带气候，马来西亚年平均温度为29℃，泰国曼谷为25～30℃(平均27.5℃)。而现在中原大地为温带，年平均温度为14℃。经过5 000年，中原大地年平均气温下降13.5～15℃，平均每百年气温下降0.27～0.3℃，平均每年气温下降0.002 7～0.003℃。

我国云南边境一带为亚热带气候，西双版纳还有少量野象活动，该地年平均气温为26℃，与中原大地年平均气温比，平均每百年气温下降0.24℃，平均每年气温下降0.002 4℃。

从以上论述可以看出，目前北半球长期气候变化趋势是变冷的，近5 000年就中原大地而言气温已下降了12～15℃，年平均气温下降0.002 4～0.003℃。

我国海南岛处于亚热带气候区，总面积为$3.41\times10^4 km^2$，有三大河流：一为万泉河，流域面积为3 693km^2，由琼海朝阳入海，正对台风面。万泉河流域雨量丰沛，流域年平均雨量为 2 385mm，1964 年最大年降雨量为 5 526mm。二为南渡江，流域面积为 7 033km^2，干流发源于白沙县南峰山，向东北流至海口市入琼州海峡，侧对台风，流域年平均雨量为 1 935mm。三为昌化江，位于岛的西南部，流域面积为5 150km^2，背对台风，流域年平均雨量为 1 530mm。三流域年平均雨量为 1 950mm。以海南岛三流域年平均雨量为 1 950mm 作为尧、舜、禹时期的年平均雨量，而现今这一地区的年平均雨量约为 600mm，当时雨量为现今年雨量的 3.25倍。

1955 年，规划黄河三门峡水库千年一遇洪峰为 37 000m^3/s，按年雨量 3.25 倍放大，则尧、舜、禹时期的千年一遇洪峰为 120 000m^3/s。由于多雨地区径流波动小，即变差系数小，按减少 10%计，则尧、舜、禹时期的大洪水（千年一遇洪峰）约为 108 000m^3/s，这只是一种粗略的估算。现在三门峡上下，若遇到 100 000～110 000m^3/s的大洪水，其景象定是十分惨烈的。道光二十三年（1843 年）黄河发生的大洪水，据调查仅为 36 000m^3/s，人们即形容“道光二十三，黄河涨上天，冲走太阳渡，稍走万锦滩”。历史上对尧、舜、禹时期洪水的描述“洪水滔天，浩浩怀山襄陵”，亦是有根据的。

由以上分析，气候是逐渐变化的，但每年变化的幅度很小，从 4 000～5 000 年的历史尺度看，其变化就非常大。1972 年，竺可桢在其《中国近五千年气候变迁的初步研究》一文中已正确指出历史气候是有变化的，目前黄河流域已从西周前（公元前 11 世纪）的热带、亚热带变到秦汉至目前的温带。这与当代水文学中数理统计频率计算的基本要求是不符的。频率计算的基本要求是在一定条件下可重复，才可能有频率的稳定性，而目前气候是逐渐变化的，数理统计频率计算的基本要求在一定条件下可重复已不复存在。

目前决定水利工程安全标准的是设计洪水，设计洪水是按频率计算的，即百年一遇、千年一遇、万年一遇。频率计算是 20 世纪 20—30 年代由 Fuller，Foster 和 Hazen 提出的。20 世纪 40 年代才有人把频率分析引用到设计洪峰上来，我国在 80 年代才正式规定以洪水频率定水工建筑的计算标准。但对水文频率计算的争论早已有之，当时争论的焦点在水文频率计算存在一系列的误差，已有水文观测资料短，水文样本的代表性差，还未讨论到环境条件的变化问题。以黄河三门峡为例，现在计算的千年一遇洪水为 37 000m^3/s，而在四五千年前计算的千年一遇洪水为 110 000～100 000m^3/s，两者相差 2.8～3 倍。目前水工建筑物的设计标准是按工程规模的大小、建筑物的种类等以设计洪水的频率来规定标准的。比如，规划中的黄河桃花峪水库为大型（1）类，主要建筑物为土坝，按规范要求设计洪水为 500 年一遇，万年一遇进行校核；已建的三峡水库，为超大型类型，主要建筑物为混凝土大坝，按规范要求设计洪水为 1 000 年一遇，万年一遇洪水校核。根据日食相似年方法，明代的历史洪水资料应用到现在还是正确的，距今不过五六百年，距今千年的宋代亦是可信的，3 000 年以上变化就大了，5 000 年后又是什么情况？不得而知！万年以后更是不得而知。最大可能降雨亦存在同样问题。因此，目前水文学存在危机，需要展开讨论。

为什么气候逐渐变化？这可能与地轴进动有关。地球地面温度与太阳对地面入射角度即地理纬度有关，与地球极轴倾斜率有关，现有极轴与地球公转轨道平面总量保持 66°34′的夹角。地球极轴延长线指向天球北极即北极星，现在为小熊座 α 星。而极轴不是固定不变的，每年都有变动即岁差，公元 330 年前后，晋朝虞喜发现岁差，测定冬至点每 50 年西移 1°。他的发现虽然晚于希腊天文学家喜帕恰斯于公元前 125 年的发现，但却比它估计春分点每 100 年西移 1°要精确。隋朝刘焯确定岁差为 75 年西移 1°更接近于正确数值。

地轴进动的原理与陀螺进动类似，其他还有行星引力对地球公转的摄动及月亮运动对岁差影响的章动等。

地轴进动造成天极的周期性圆运动，造成北极星的更替。北极星在公元前 3000 年曾经是天龙座 α，目前是小熊星座 α，到公元 14000 年将是天琴座 α（织女星），可以预计天龙座将在公元 22800 年再度成为北极星，公元 27800 年时小熊座 α 星将同目前一样成为北极星（参见图 4－1）。

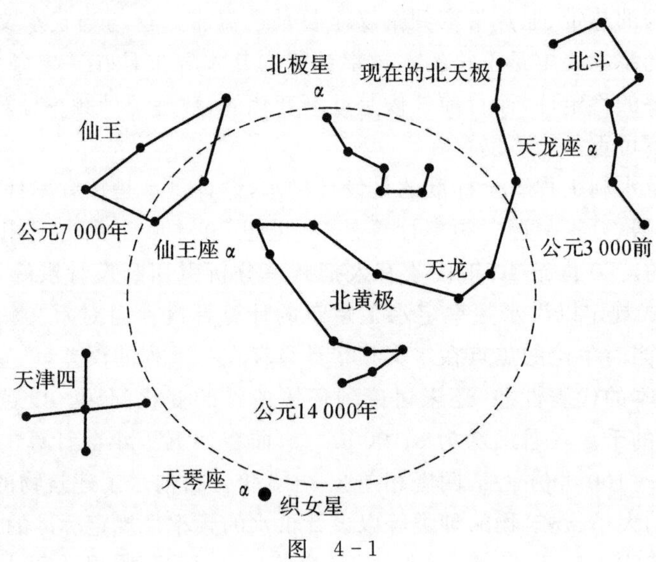

图 4－1

地轴进动应是气候变化的根本原因。据有关资料显示，过去 50 年里，大气中的 CO_2 约增加了 10%，这是一个不小的数字。在 2010 年 4 月联合国气候专门委员会上对温室气体增加对世界气候的影响争论较多，但仍提出：气候变化已经影响到“所有大陆和一些海洋上的众多自然系统”。报告还指出，“气候变暖可能造成非洲农作物大量减产，喜马拉雅山冰川解冻，欧洲和美国出现更多的酷热天气……全球平均气温的上升幅度超过 1.5～2.5℃，迄今为止所评估的大约 20%，即 30%的动植物物种都很可能承受灭绝的风险”。

科学的结论必须是事前能预报出，事后能进行检验，且多可列出公式进行计算。如果只有推论，而只简单说各地出现的气候异常都与“温室气体”有关，而无法检验是不能成为科学结论的。

从前面叙述可知，目前北半球由于极轴移动，总的趋势是变冷的，赤道不是一成不变的，温室气候能逆转这一趋势么？世界各地气候异常与温室气体增加无关，气候异常是一种气候波动，气候波动与日食和地震有关。这既可事前预报，亦可事后检验。

前已提到，笔者在 2000 年曾委托中国科学院大气物理研究所李崇银院士、龙振夏助理研究员用大气所二层大气环流模式，使用日食与地震效应超长期天气预报方法，成功计算出 1999 年华北干旱及 1995 年美国密西西比河历史上第二大洪水的暴雨区。如果温室气体是主导灾害性天气的，则应该计算不出来。但算出的结果与实况一致，这说明温室气体增加不可能导致灾害性天气增多或加剧，其对大气环流运动的影响是微乎其微的。

旱涝灾害是一种气候波动，自有文字记载以来就是如此，与气候趋势变化（变冷或变暖）无关。我国是对旱涝灾害及灾害天气历史记载最长的国家，如在《诗经・云汉篇》中曾记载周宣王（公元前 827—前 728 年）时期陕西关中连年大旱。我国历代对自然灾害在灾异志中有专门记述，保留了大量可贵的资料。明代以后倡导对地方志进行编修，更保存了丰富的自然灾害史料。水旱灾害在一个地区有时交替出现，有时多年持续，其致灾程度有时是罕见的，如明孝宗弘治六年（1493 年）在淮河流域出现一次大的雪暴，连续降雪四月之久，最深积雪深达 4m 以上，从京广路以东，北抵黄河以北济源、长垣，南抵新野、固始，东达江苏、盱眙，面积约 20 万平方千米。

淮阳：大雪深丈余。

夏邑：冬大雪，逾三月不霁，民多冻死、饿死者。

枯城：大雪塞户，民为洞而出。

盱眙：大风雪自九月至次年正月。

高淳：癸丑大雨雪。

任何流域均可发生大洪水或连续多年干旱，1998 年长江上中游大水，1986 年华北大旱。自 1194 年(南宋光宗绍熙五年)黄河夺淮至 1855 年(清咸丰五年)黄河北徙的 661 年期间，黄、淮并涨 47 次，黄、淮、沂、沭、泗并涨 14 次，江淮并涨 10 次，亦有 3 次(1569，1575，1665 年)江、淮、沭、泗及长江洪水并涨，亦有长江、黄河连续多年洪水或连续多年干旱的。

江苏太湖地处江南多雨地带，湖水蓄水面积 2 420km²，但在历史上不完全统计有 5 次(1074，1588，1638，1641，1652 年)由于干旱使太湖水涸。

冬季有些年份强寒流持续南下，可使长江冰封，最早的记载为《竹书纪年》载：周孝王冬大雨雹，牛马死，江、汉俱冻。在历史上还有很多次记载，如明正德四年(1509 年)，冬极冷，黄浦江水冻，数月不解。太湖结冰有 17 次(1111，1329，1353，1457，1476，1503，1513，1568，1578，1654，1665，1683，1700，1761，1861，1877，1893 年)，鄱阳湖结冰有 6 次(1513，1570，1670，1840，1861，1865 年)，洞庭湖结冰有 9 次(1510，1513，1621，1653，1660，1690，1790，1877，1955 年)，汉水结冰有 21 次(－879，－901，1416，1449，1493，1519，1529，1620，1621，1653，1660，1670，1690，1691，1830，1865，1871，1877，1886，1899，1955 年)，淮河结冰有 17 次(225，515，1186，1219，1454，1550，1564，1619，1640，1653，1670，1671，1690，1715，1720，1845，1955 年)。其中有，1454 年(明景泰五年)太湖、淮河皆结冰；1513 年(明正德八年)，太湖、鄱阳湖、洞庭湖皆结冰；1621 年(明天启元年)，洞庭湖、汉水皆结冰；1653 年(清顺治十年)，洞庭湖、汉水、淮河皆结冰；1670 年(清康熙九年)，鄱阳湖、汉水、淮河皆结冰；1690 年(清康熙二十九年)，洞庭湖、汉水、淮河皆结冰；1865 年(清同治四年)，鄱阳湖、汉水皆结冰；1877 年(清光绪三年)，太湖、洞庭湖、汉水皆结冰；1955 年，洞庭湖、汉水、淮河皆结冰。这与当年寒流路径与强度有关。

旱灾在我国亦多有发生，以北京为例，从 1470 年至 1979 年的 509 年中特旱年份(5 级)达 39 年，为 7.7%。旱灾在众多灾害中所造成的灾害是最为严重的，如清光绪三年华北大旱(旱灾中心在山西南部)死亡群众千万。如夏县《丁丑大荒记》记载：

光绪三年岁次丁丑，春三月微雨，至年终无雨，麦微登，秋禾尽无，岁大饥，平、蒲、解、绛等处尤甚……到处道殣相望，行来饿殍盈途。一家十余口，存命者仅二三，一处十余家，绝嗣者恒八九。……

众所周知，大气环流发生反常变化是形成水旱灾害的直接原因。大气环流运动的能源是太阳辐射，而能影响地球表面接受太阳辐射或影响地球表面温度的外部因素只有日食与地震比较显著，在第七章已有详述，这是导致大气环流异常变化，形成旱涝灾害的主要原因。日食与地震效应数学模拟是超长期天气预报的一条新路(该方法已取得专利，专利号：ZL97100633.4；申请号：99126683.8)。这进一步说明所谓"温室气体"的结论是没有根据的，是对世界人民的误导。

下篇　地震是由日食引起的

第5章　地震是由日食引起的

第1节　概　　述

我国地震灾害是严重的，1556年（明嘉靖三十五年）陕西关中华县8级大地震死亡82万人；1920年宁夏海原8.6级大地震死亡23万人；1976年唐山大地震死亡24.2万人，重伤16万人；2008年汶川8级大地震死亡8万人，重伤16万人。国外地震的灾害亦是严重的，1923年日本关东大地震震级为8.2级，死亡99 331人，伤103 733人，失踪43 476人，海啸浪高8.1m。2005年12月24日苏门答腊9级强震死亡人数达22万人。2010年1月26日海地7.3级大震，死亡22.25万人，伤19.6万人。2011年12月11日日本本州岛宫城县东海域9级强震，引发40.5m高的海啸，并引发福岛第一核电站发生泄漏事故，死亡人数1.5万人，失踪7 102人，伤5 393人，房屋损坏68.8万栋。若就短时间内死亡人数来讲，地震是众多自然灾害之首。

据地震学家统计，平均每年地球上约发生5.6万次地震，其中：

8级和8级以上地震	2～3次
7～7.9级地震	10次
6～6.9级地震	150次
5～5.9级地震	800次

据古登堡-李希特公式

$$\lg E=4.8+1.5M_s \quad (\text{其中 } M_s \text{ 为震级})$$

全球平均每年发生5.6万次地震，所释放的能量约为5×10^{17}J，其能量是巨大的。

地球经过46亿多年的演化，应当趋于稳定，但目前地球每年在不同部位仍要释放能量。发生地震，外部应有一定的条件，促使其能量释放。这一外部条件应该,第一,每年都存在;第二,能作用到地球的不同部位;第三,其作用力与地震释放的能量相当。在众多的外部天文条件中只有日食可以满足以上三个特征。有以下五点可以作证。

第 2 节　佐证一:一次日食的能量比全年地震的能量大3个量级

从天文学得知,每年最少要发生两次日食。日食年年都要发生,且每年的日食发生在不同地区,其能量亦相当,一次日食的能量约为 10^{20}J,比全年地震的能量大 3 个量级。

第 3 节　佐证二:从统计规律看,强震前必有 2～4 次日食主食带通过震区

从统计规律看,已发生的 8 级大震,在震前必有 2～4 次日食主食带通过,无一例外。今举出国内外 15 例 28 次强震,如 1556 年华县 8 级强震,1654 年天水 8 级强震,1668 年郯城 8.5 级强震,1679 年三河 8 级强震,1906 年旧金山、阿拉斯加 8.3级强震,1906 年厄瓜多尔 8.6 级强震与圣地亚哥近海 8.4 级强震,1920 年海原 8.6 级强震,1923 年日本关东 8.3 级强震,1950 年西藏察隅 8.7 级强震,1972 年中国台湾 8 级地震,1976 年唐山 7.8 级强震,2005 年苏门答腊 9 级强震,2008 年汶川 8 级强震,2010 年海地 7.3 级大震,2011 年日本仙台东海 9 级强震,2012 年印尼 8.6 级强震及 1883—1902 年 5 次 8 级群震。

1. 华县 1556 年(明嘉靖三十五年)1 月 25 日 8 级强震

华县 1556 年 8 级强震震中为(109.7°E,34.5°N),在震前有两次日食主食带穿越这一地区。1542 年 8 月 11 日中午见食(113°E,35°N),1549 年 3 月 29 日中午见食(125°E,33°N),两次中午见食地点很近,距华县震中约 1 360km。两次主食带列于表 5-1,其行径图如图 5-1 所示。

表　5-1

年份	月	日	日出见食		中午见食		日落见食	
			经度	纬度	经度	纬度	经度	纬度
1542 年	8	11	31°E	44°N	113°E	35°N	173°E	6°N
1549 年	3	29	62°E	8°N	125°E	33°N	160°W	42°N

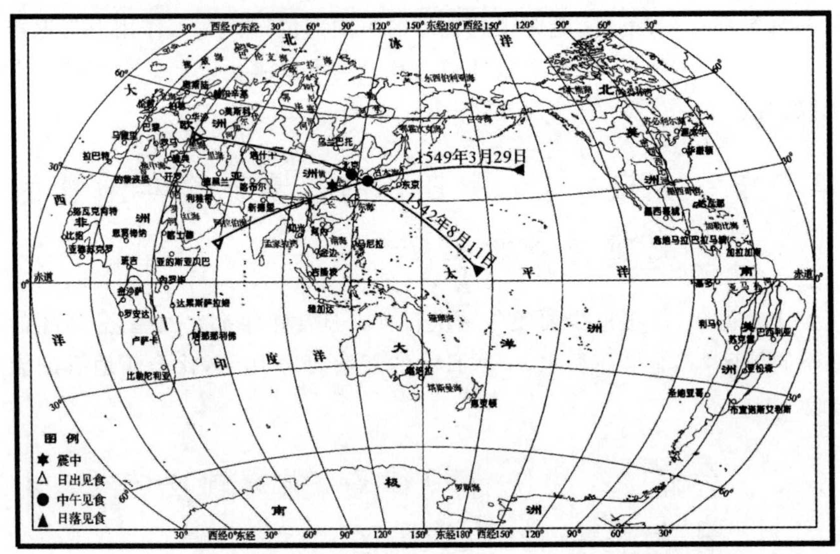

图 5-1　华县 1556 年 1 月 25 日 8 级地震震前日食主食带图

2. 天水 1654 年(清顺治十一年)7 月 21 日 8 级强震

天水 1654 年 8 级强震震中为(105.5°E ,34.3°N),在震前有两次日食主食带横穿这一地区。1641 年 11 月 3 日中午见食为(96 °E ,36°N),距天水震中西约 940km,1650 年 10 月 25 日中午见食为(119 °E ,31°N),在天水震中东。两次主食带列于表 5-2,其行径图如图 5-2 所示。

3. 郯城(江苏)1668 年(清康熙七年)7 月 25 日 8.5 级强震与三河(河北)1679 年(清康熙十八年)9 月 2 日 8 级强震

郯城 1668 年 8.5 级强震与三河 1679 年 8 级强震相隔 11 年,且同处 117°E～118°E,震中仅相距约 560km,应属同一区域地震,在震前三次日食主食带穿越这一地区。郯城震中为(118.5°E ,34.8°N),三河震中为(117 °E ,40°N),1641 年 11 月 3 日中午见食(96°E ,36°N),1650 年 10 月 25 日中午见食(119 °E ,31°N),1658 年 6 月 1 日中午见食(131 °E ,27°N)。三次主食带列于表 5-3,其行径图如图 5-3 所示。

表　5-2

年份	月	日	日出见食		中午见食		日落见食	
			经度	纬度	经度	纬度	经度	纬度
1641 年	11	3	45°E	58°N	96°E	36°N	153°E	35°N
1650 年	10	25	65°E	61°N	119°E	31°N	177°E	12°N

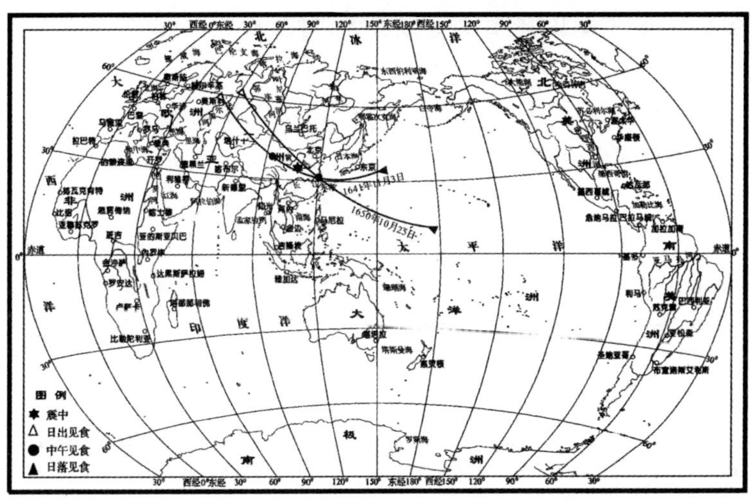

图 5-2　天水 1654 年 7 月 23 日 8 级强震震前日食主食带图

表　5-3

年份	月	日	日出见食		中午见食		日落见食	
			经度	纬度	经度	纬度	经度	纬度
1641 年	11	3	45°E	58°N	96°E	36°N	153°E	35°N
1650 年	10	25	65°E	61°N	119°E	31°N	177°E	12°N
1658 年	6	1	70°E	2°N	131°E	27°N	165°W	7°N

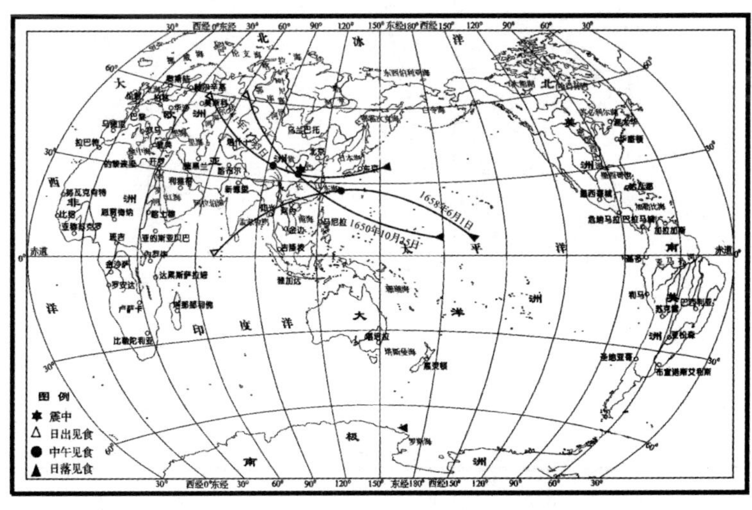

图 5-3　郯城 1668 年 7 月 25 日 8.5 级、三河 1679 年 9 月 2 日 8 级强震震前日食主食带图

4. 旧金山 1906 年 4 月 18 日 8.3 级强震，阿拉斯加 1906 年 8 月 17 日 8.3 级强震

这两次地震都在 1906 年且同在北美，在 1906 年以前有 4 次日食主食带经过震中附近。旧金山震中为(123 °W，38 °N)，阿拉斯加震中为(179 °E，51 °N)。1878 年 7 月 29 日主食带中午见食地点为(139 °W，60 °N)，靠近阿拉斯加震中北部；而 1885 年 3 月 16 日及 1889 年 1 月 1 日日食主食带均处在阿拉斯加与旧金山中间，中午见食地点，1885 年为(92 °W，56 °N)，1889 年为(138 °W，37 °N)，更靠近旧金山；1893 年 10 月 9 日日食主食带在旧金山震中以南，其中午见食地点为(126 °W，12 °N)。四次主食带列于表 5－4，其行径图如图 5－4 所示。

表 5－4

年份	月	日	日出见食		中午见食		日落见食	
			经度	纬度	经度	纬度	经度	纬度
1878 年	7	29	118°E	54°N	139°W	60°N	70°W	18°N
1885 年	3	16	157°W	36°N	92°W	56°N	15°W	71°N
1889 年	1	1	179°E	53°N	138°W	37°N	94°W	52°N
1893 年	10	9	173°E	45°N	126°W	12°N	67°W	11°S

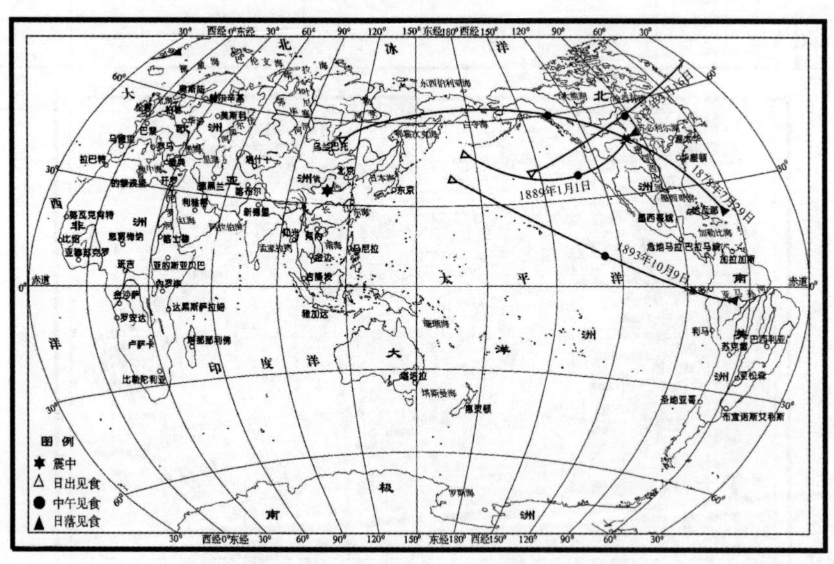

图 5－4　旧金山 1906 年 4 月 18 日 8.6 级、阿拉斯加 1906 年 8 月 17 日 8.3 级强震震前日食主食带图

5. 厄瓜多尔 1906 年 1 月 31 日 8.6 级强震与圣地亚哥近海 1906 年 8 月 17 日 8.4 级强震

厄瓜多尔 1906 年 8.6 级强震震中为(81.5°W ,1°N),圣地亚哥震中为(72°W,33°S),死亡 2 万人。在震前有两次日食主食带横穿这一地区,1893 年 4 月 16 日,中午见食为(37 °W ,1°S),在厄瓜多尔震中以南,距震中约 2 500km;1897 年 7 月 29 日中午见食(58 °W ,15°N),在厄瓜多尔震中以南,在圣地亚哥震中东北。两次主食带列于表 5 - 5,其行径范围如图 5 - 5 所示。

表 5 - 5

年份	月	日	日出见食		中午见食		日落见食	
			经度	纬度	经度	纬度	经度	纬度
1893 年	4	16	96°W	36°S	37°W	1°S	28°E	16°N
1897 年	7	29	125°W	16°N	58°W	15°N	4°W	23°S

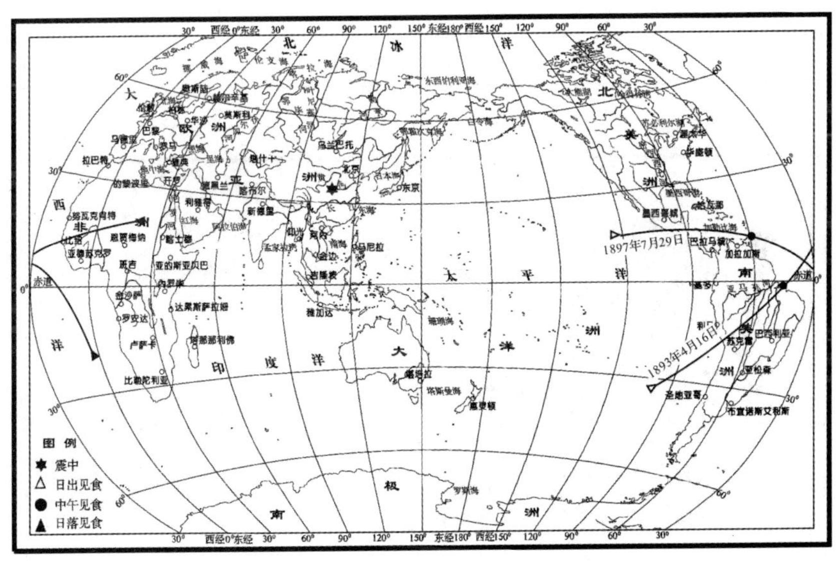

图 5 - 5 厄瓜多尔 1906 年 1 月 31 日 8.6 级、圣地亚哥近海 1906 年 8 月 17 日 8.4 级强震震前日食主食带图

6. 海原 1920 年 12 月 16 日 8.6 级强震

海原 1920 年 12 月 16 日发生 8.6 级强震,震灾最重者在海原、固原、靖远、隆德、静宁通渭之间,而尤以海原、固原间为最烈,估计震中在(36.3°N,106°E),鸣声

如雷如炮，复有大风尘雾。是地一带黄土最厚，地震之后罅裂遍地，崩塌极多，崩塌之土有长三四千尺，阔一二千尺，高四五百尺者多处。崩下处倾覆房窑，掩埋人畜，冲泻所至，又复积聚数里之外，壅成丘陵，所过之地，河流壅塞，道路冲坏。震动延及甘、陕、蜀、鄂、皖、豫、晋、燕、鲁、察、绥、青海等十二省区，面积约 $170\times10^4\text{km}^2$，死亡 24.6 万人。在震前有 4 次日食主食带横穿这一地区，1911 年 10 月 24 日中午见食为(118°E,11°N)；1904 年 3 月 17 日中午见食为(96°E,6°N)；1907 年 1 月 14 日中午见食为(89°E,39°N)，与 1894 年中午见食极为接近；1894 年 4 月 6 日中午见食为(114°E,47°N)。四次主食带见表 5-6 和图 5-6。

表 5-6

年份	月	日	日出见食		中午见食		日落见食	
			经度	纬度	经度	纬度	经度	纬度
1911 年	10	24	61°E	45°N	118°E	11°N	178°E	8°S
1904 年	3	17	36°E	10°S	96°E	6°N	157°E	25°N
1907 年	1	14	42°E	50°N	89°E	39°N	131°E	57°N
1894 年	4	6	54°E	7°N	114°E	47°N	158°W	62°N

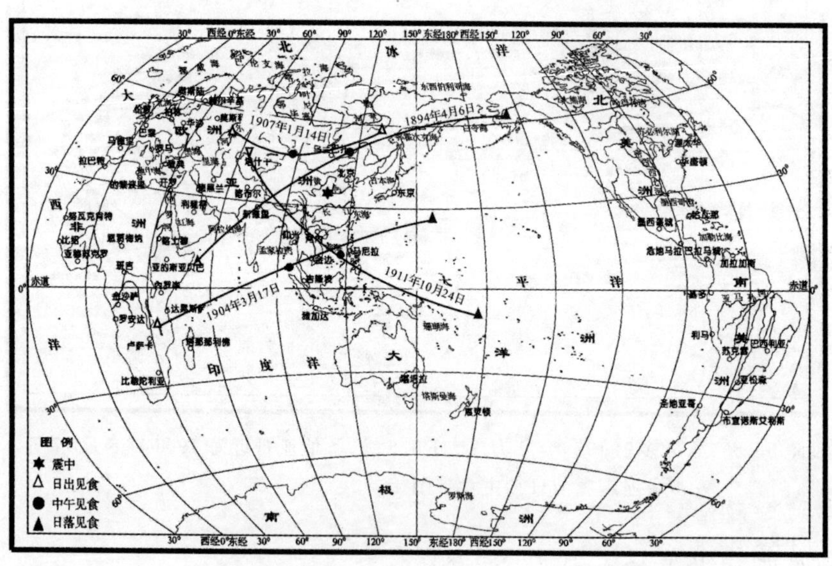

图 5-6 海原 1920 年 12 月 16 日 8.6 级强震震前日食主食带图

7. 日本关东 1923 年 1 月 8 日 8.3 级强震与堪察加半岛 1923 年 2 月 3 日 8.3 级强震

日本关东 1923 年 8.3 级强震震中为(139.5°E ,35.2°N),死亡 99 331 人,伤 103 733 人,失踪 43 476 人,海啸浪高 8.1m。堪察加半岛于同年 2 月 3 日亦发生 8.3 级强震。有 4 次日食主食带横穿这一地区。1887 年 8 月 19 日中午见食为(102 °E ,53°N);1894 年 4 月 6 日中午见食为(114 °E ,47°N),距关东震中约 2 600km;1896 年 8 月 9 日中午见食为(112 °E ,65°N);1903 年 3 月 29 日中午见食为(150 °E,65°N),距堪察加半岛震中约 2 000km。四次日食主食带列于表 5-7,其行径范围如图 5-7 所示 。

表 5-7

年份	月	日	日出见食		中午见食		日落见食	
			经度	纬度	经度	纬度	经度	纬度
1887 年	8	19	12°E	51°N	102°E	53°N	173°E	24°N
1894 年	4	6	54°E	7°N	114°E	47°N	158°W	62°N
1896 年	8	9	0°	63°N	112°E	65°N	179°W	20°N
1903 年	3	29	80°E	40°N	150°E	65°N	117°W	75°N

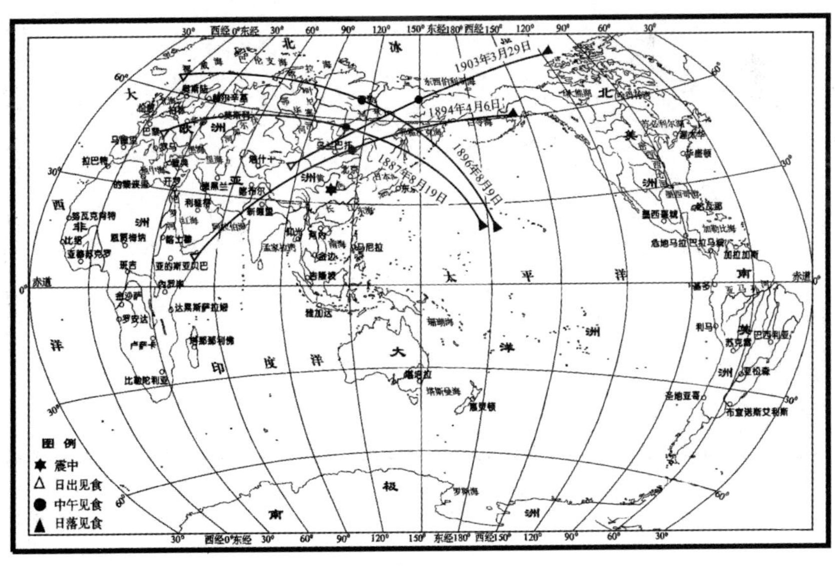

图 5-7 日本关东 1923 年 1 月 8 日 8.3 级强震与堪察加半岛 1923 年 2 月 3 日 8.3 级强震震前日食主食带图

8.西藏察隅—墨脱1950年8月15日8.7级强震

西藏察隅—墨脱1950年8月15日16时29分发生8.7级强震,强震震中为(28.4°N, 96.7°E),房屋倒塌,山崩地裂,印度阿萨姆地区死亡约1 500人,当天又发生5次6级余震,16日、18日、22日、26日又发生4次6级余震。在震前有3次日食主食带横穿这一地区。1933年8月21日中午见食为(94°E,18°N),距震中约1 000km;1944年7月20日中午见食为(95°E,19°N),与1933年中午见食极为接近;1941年9月21日中午见食为(114°E,30°N),距震中不足1 000km。三次主食带列于表5-8,其行径范围如图5-8所示。

表 5-8

年份	月	日	日出见食		中午见食		日落见食	
			经度	纬度	经度	纬度	经度	纬度
1933年	8	21	24°E	30°N	94°E	18°N	150°E	20°S
1944年	7	20	33°E	3°N	95°E	19°N	154°E	7°S
1941年	9	21	42°E	45°N	114°E	30°N	177°E	10°N

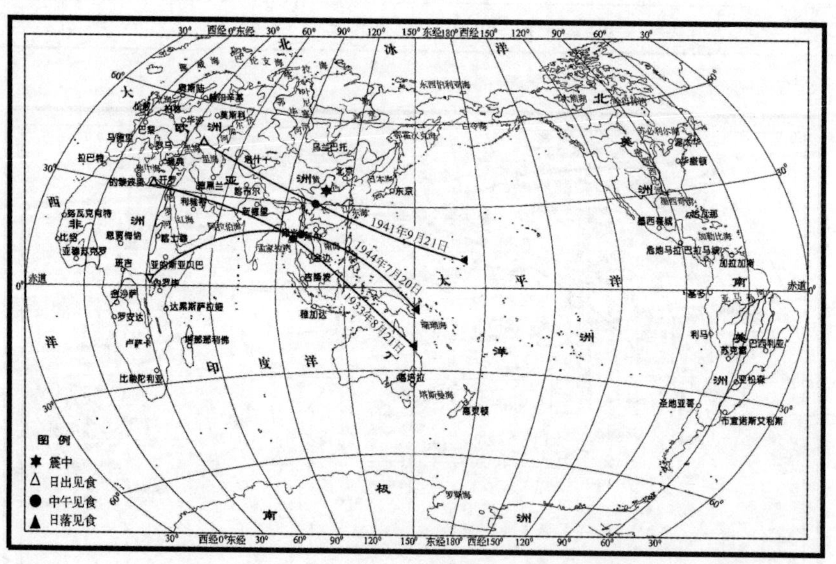

图5-8 西藏察隅—墨脱1950年8月15日8.7级强震震前日食主食带图

9. 台湾 1972 年 1 月 25 日 8 级强震与唐山 1976 年 7 月 27 日 7.8 级强震

台湾 1972 年 8 级地震与唐山 1976 年 7.8 级强震应属同一区域地震，震前有 3 次日食主食带穿过这一区域，台湾震中为（122.3°E，22.6°N），唐山震中为（118.2°E，39.6°N），1948 年 5 月 9 日中午见食（138°E，44°N）接近唐山，而 1955 年 6 月 20 日中午见食（117°E，15°N）与 1958 年 4 月 19 日中午见食（126°E，28°N）接近台湾，三次主食带列于表 5－9，其行径图如图 5－9 所示。

表　5－9

年份	月	日	日出见食		中午见食		日落见食	
			经度	纬度	经度	纬度	经度	纬度
1948 年	5	9	77°E	2°N	138°E	44°N	136°W	43°N
1955 年	6	20	55°E	4°S	117°E	15°N	177°E	12°S
1958 年	4	19	66°E	1°N	126°E	28°N	164°W	31°N

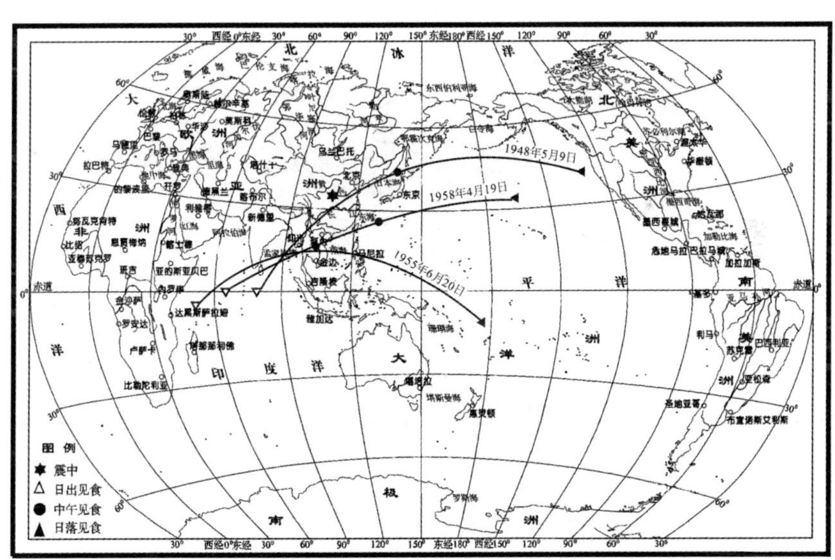

图 5－9　台湾 1972 年 1 月 25 日 8 级、唐山 1976 年 7 月 27 日 7.8 级强震震前日食主食带图

10. 苏门答腊 2005 年 12 月 26 日 9 级地震

在 2005 年以前，1983 年、1995 年各有一次日食主食带经过震区附近，苏门答

腊震中为(97°E ,2°N),而 1983 年 12 月 4 日主食带中午见食地点为(111°E ,7°S),1995 年 10 月 24 日主食带中午见食地点为(110°E ,10°N),1995 年 10 月 24 日中午见食与 2005 年 12 月 26 日苏门答腊 9 级强震中仅相距 1 200km。1983 年 6 月 11 日与 1995 年 10 月 24 日主食带见表 5－10,其行径图如图 5－10 所示。

表 5－10

年份	月	日	日出见食		中午见食		日落见食	
			经度	纬度	经度	纬度	经度	纬度
1983 年	6	11	60°E	36°S	111°E	7°S	168°E	18°S
1995 年	10	24	51°E	34°N	110°E	10°N	172°E	5°N

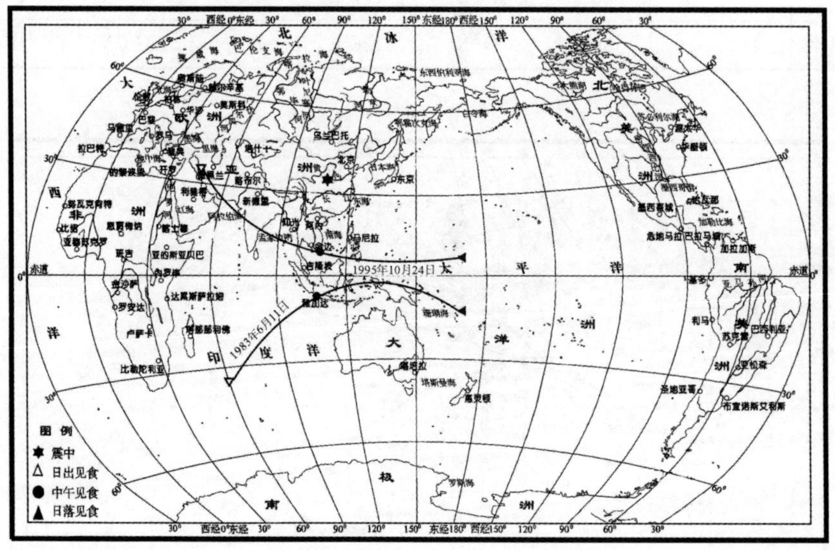

图 5－10　苏门答腊 2005 年 12 月 26 日 9 级地震震前日食主食带图

11.2008 年 5 月 12 日四川汶川 8 级地震

2008 年 5 月 12 日 14 时 28 分四川汶川发生了 8 级强震,震中为(103.4°E,30°N),当天又发生 6 级余震 2 次,13 日又发生 6.1 级余震,18 日江油发生 6 级余震,25 日青川发生 6.4 级余震。在震前有 3 次日食主食带经过这一地区,1987 年日食主食带经过汶川,其中午见食为(135°E,19°N),1988 年中午见食为(146°E,28°N),1995 年中午见食为(110°E,10°N),3 次主食带见表 5－11,其日食主食带经过范围如图 5－11 所示。从图上看汶川居于三主食带西部,其主食带形成的地壳应力似未完全释放，这有待后续观测。（该图成图于 2008 年 12 月份，并以电邮告知许绍燮院士、强祖基教授注意中国东部、台湾，日本，菲律宾震情，2009 年 1 月 4 日 3 时 43 分在菲律宾与印尼交界的印尼巴布亚群岛(132.8°E,0.7°S)发生 7.7 级地震，6 时 30 分又发生 7.5 级地震(133.5°E,0.7°S)，在 2 月 11 日(126.7°E,3.4°N)又发生 7.4 级地震，这一推论得到验证。）

表　5－11

年份	月	日	日出见食		中午见食		日落见食	
			经度	纬度	经度	纬度	经度	纬度
1987 年	9	23	68°E	46°N	135°E	19°N	167°W	13°S
1988 年	3	18	86°E	4°S	146°E	28°N	143°W	54°N
1995 年	10	24	51°E	34°N	110°E	10°N	172°E	5°N

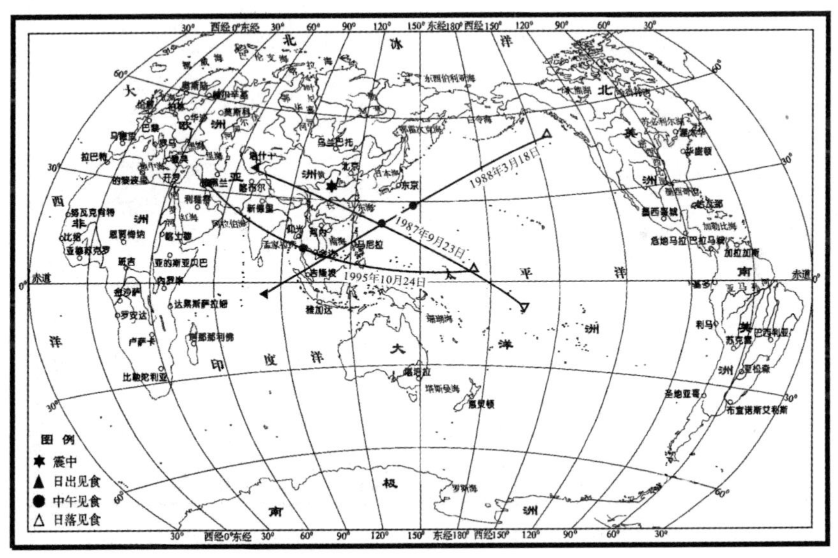

图 5－11　四川汶川 2008 年 5 月 12 日 8 级强震震前日食主食带图

12. 海地 2010 年 1 月 12 日 7.3 级强震

海地 2010 年 1 月 12 日 16 时(当地时间)发生 7.3 级大震，首都太子港受灾情况严重，强震震中为(72.5°W，18.6°N)，距太子港 16km，震源深度为 10km，截至 2011 年 1 月 26 日，地震后第 15 天，世界卫生组织确认死亡 22.25 万人，受伤

19.6 万人。在震前有 3 次日食主食带横穿这一地区,1998 年 2 月 26 日中午见食为(81°W,6°N,),距震中约 1 000km;1991 年 7 月 11 日中午见食为(105°W,22°N);1984 年 5 月 30 日中午见食为(74°W,38°N),距震中不足 1 000km。三次主食带见表5－12,其行径范围如图 5－12 所示。

表 5－12

年份	月	日	日出见食		中午见食		日落见食	
			经度	纬度	经度	纬度	经度	纬度
1998 年	2	26	144°W	2°S	81°W	6°N	19°W	30°N
1991 年	7	11	175°W	13°N	105°W	22°N	46°W	13°S
1984 年	5	30	136°W	1°N	74°W	38°N	3°E	28°N

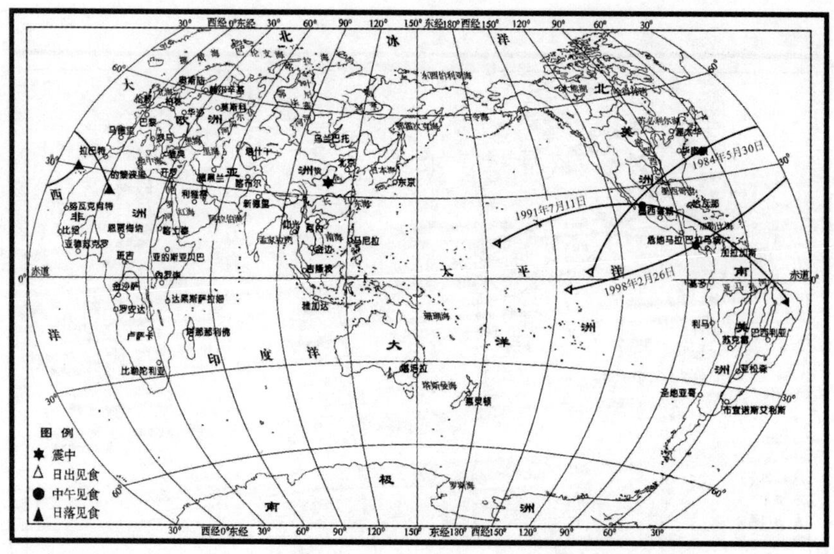

图 5－12　海地 2010 年 1 月 12 日 7.3 级强震震前日食主食带图

13. 日本仙台东海岸 2011 年 3 月 11 日 9 级强震

日本仙台东海岸海域 2011 年 3 月 11 日 14 时(当地时间)发生 9 级强震,强震震中为(142.5°E, 38.1°N),震源深度为 20km,海啸高度达 40.5m,死亡 1.58 万人,失踪 3 469 人,伤 10 万人,200 万人无家可归。3 月 12 日日本第一核电站反应堆芯的燃料开始融化,放射性物质出现泄漏,当天下午核电站发生两次爆炸,经济损失达300亿美元。在震前有3次日食主食带横穿这一地区，1987年9月23日中午见食为(135°E,19°N)，距震中约1 000km；1988年3月18日中午见食为(146°E,28°N)；1981年7月31日中午见食为(127°E,54°N)，距震中不足1 000km。三次日食主食带见表5－13，其行径范围如图5－13所示。

表　5－13

年份	月	日	日出见食		中午见食		日落见食	
			经度	纬度	经度	纬度	经度	纬度
1987年	9	23	68°E	46°N	135°E	19°N	167°W	13°S
1988年	3	18	86°E	4°S	146°E	28°N	143°W	54°N
1981年	7	31	40°E	42°N	127°E	54°N	159°W	25°N

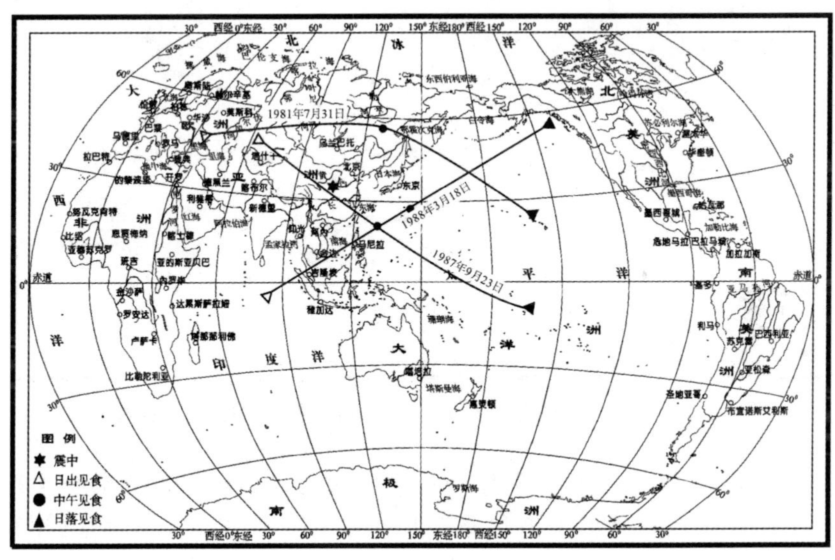

图5－13　日本仙台东海岸2011年3月11日9级强震震前日食主食带图

14.印尼2012年4月11日8.6级强震

印尼2012年4月11日16时发生8.6级强震，震中为(93.1°E, 2.3°N)，18时又发生8.2级强震，震中为(92.4°E, 0.8°N)。由于是平移型地震，未移动大量海水，未发生海啸。在震前亦有3次日食主食带通过震区。三次日食主食带见表5－14，其行径范围如图5－14所示。

表 5-14

年份	月	日	日出见食		中午见食		日落见食	
			经度	纬度	经度	纬度	经度	纬度
2010 年	1	15	15°E	7°N	72°E	3°N	122°E	6°N
1983 年	6	11	60°E	36°S	111°E	7°S	168°E	18°S
1969 年	3	18	44°E	45°S	112°E	19°S	172°E	13°N

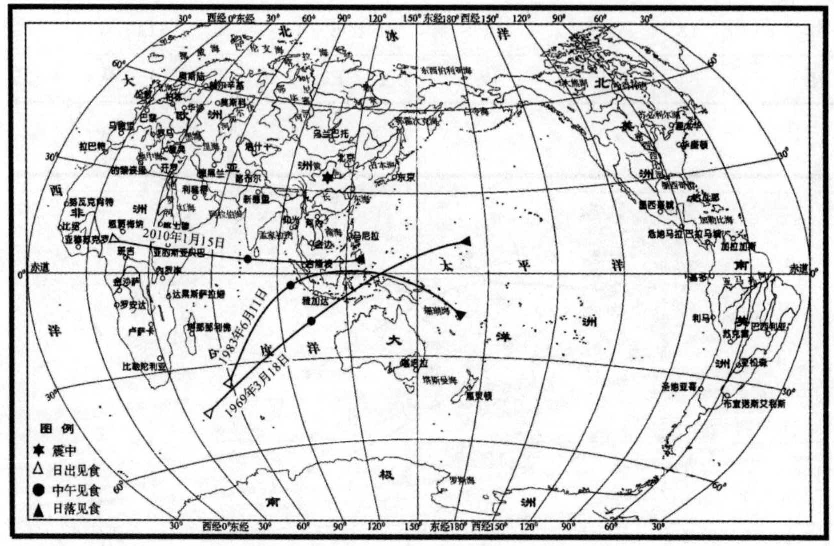

图 5-14　印尼 2012 年 4 月 11 日 8.6 级强震震前日食主食带图

15. 强震群：印度尼西亚爪哇岛 1883 年 8 月 26 日强震、印度尼西亚蒂汶岛 1896 年 4 月 18 日 8 级强震、印度阿萨姆 1897 年 6 月 12 日 8.7 级强震、日本本洲东海岸 1901 年 8 月 9 日 8.2 级强震、新疆阿图什北 1902 年 8 月 22 日 8.6 级强震

印度尼西亚爪哇岛 1883 年 8 月 26 日强震震中为(106°E,5.8°S)，死亡 1 万人；蒂汶岛 1896 年 4 月 18 日 8 级强震震中为(126 °E,8.3°S)；印度阿萨姆 1897 年 6 月 12 日 8.7 级强震震中为(91 °E,26°N)，从 8 时到 11 时 4 次强震死亡 6 100 多人；日本本洲东海岸 1901 年 8 月 9 日 8.2 级强震震中为(144 °E,40°N)；新疆阿图什北 1902 年 8 月 22 日 8.6 级强震亦连续发生 4 次强震。在这 5 次强震前从 1868 年至 1894 年的 26 年间 7 次日食主食带密集通过这一地区，计有 1868 年 8 月 18 日、1871 年 12 月 12 日、1872 年 6 月 6 日、1875 年 4 月 6 日、1882 年 5 月 17 日、

1887 年 8 月 19 日、1894 年 4 月 6 日。各主食带见表 5－15，其行径范围如图 5－15 所示。这可以称之为强地震群。

表　5－15

年份	月	日	日出见食		中午见食		日落见食	
			经度	纬度	经度	纬度	经度	纬度
1868 年	8	18	36°E	11°N	103°E	10°N	163°E	16°S
1871 年	12	12	61°E	19°N	118°E	12°S	178°W	1°N
1872 年	6	6	65°E	6°N	128°E	41°N	156°W	27°N
1875 年	4	6	22°E	36°S	83°E	2°S	148°E	21°N
1882 年	5	17	3°W	11°N	63°E	39°N	139°E	25°N
1887 年	8	19	12°E	51°N	102°E	53°N	173°E	24°N
1894 年	4	6	54°E	7°N	114°E	47°N	158°W	62°N

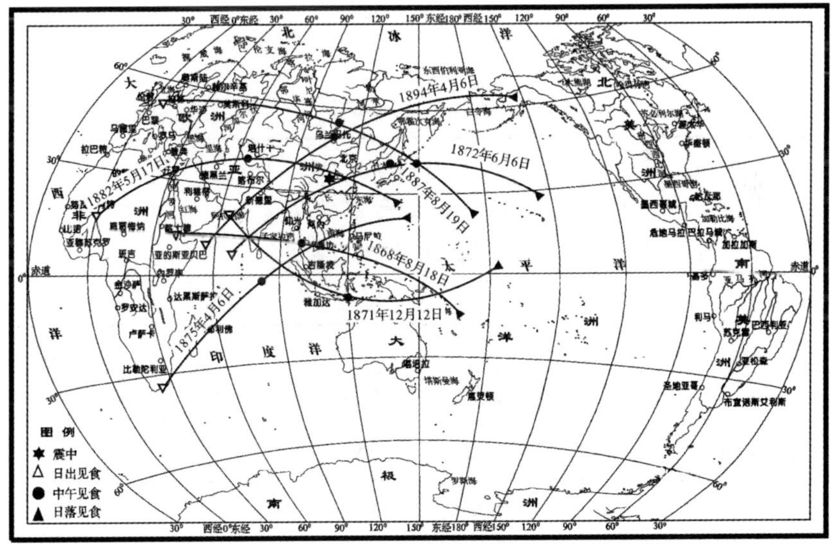

图 5－15　1883—1902 年强震群震前日食主食带图

从以上 15 例强地震中可以看出，地震前横穿震区的日食与地震发生的间隔时间最长为郯城区与三河强震的 38 年，关东与勘察半岛、斐济（1915 年）为 36 年，炉霍（1973 年）、斐济（1957 年）年为 32 年，炉霍（1923 年）为 29 年，旧金山与阿拉斯加为23年，苏门答腊、吉黑交界(1818年)为22年，汶川、吉黑交界(1957年)为21年，台湾与唐山为18年，华县为14年，天水为13年，厄瓜多尔为9年。

第4节 佐证三：大体相似的日食主食带区，有相似的地震

(1)今以四川炉霍1923年3月24日7.3级地震与1973年2月7日7.6级地震加以比较，这两年震中比较接近，震中经纬度相差仅0.1°～0.2°。

1923年以前有4次日食横穿这一地区(见表5－16)，1923年3月24日炉霍地震震中为(100.3°E,31.7°N)，震源深度为13km。

表 5－16

年份	月	日	日出见食		中午见食		日落见食	
			经度	纬度	经度	纬度	经度	纬度
1911年	10	22	61°E	45°N	118°E	11°N	178°E	8°S
1907年	1	14	42°E	50°N	89°E	39°N	131°E	57°N
1904年	3	17	36°E	10°S	96°E	6°N	157°E	25°N
1894年	4	6	54°E	7°N	114°E	47°N	158°W	62°N

1973年2月6日以前亦有4次日食主食带横穿这一地区(见表5－17)，1973年2月6日炉霍地震震中为(100.5°E,31.6°N)，震源深度为8km。

表 5－17

年份	月	日	日出见食		中午见食		日落见食	
			经度	纬度	经度	纬度	经度	纬度
1965年	11	23	65°E	38°N	116°E	4°N	175°E	5°N
1955年	6	20	55°E	4°S	117°E	15°N	177°E	12°S
1944年	7	20	33°E	3°N	95°E	19°N	154°E	7°S
1941年	9	21	42°E	45°N	114°E	30°N	177°E	10°N

这两年震中基本一致，震级大体相当，震源深度亦接近，震前日食主食带路径

大体相当，参见图 5-16，这为地震长期预报提供了一条思路。

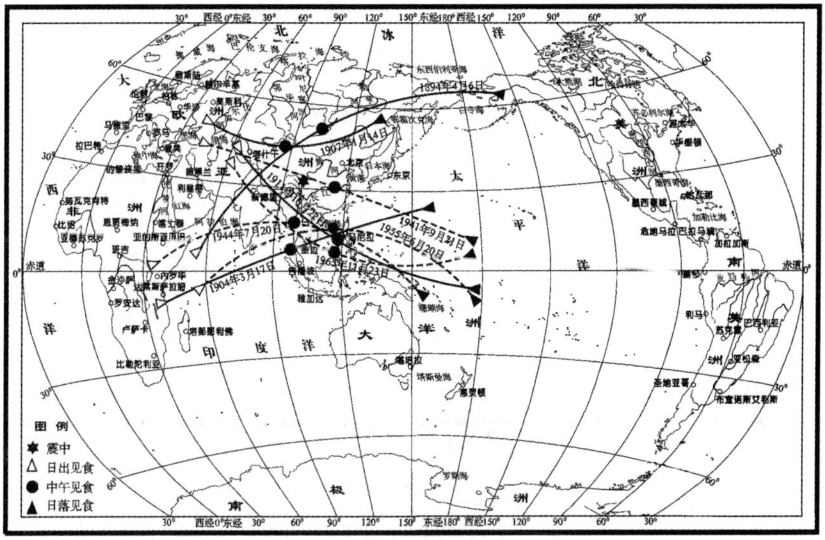

图 5-16　四川炉霍 1923 年 3 月 24 日 7.3 级强震（实线）与四川炉霍 1973 年 2 月 7 日 7.6 级相似地震（虚线）震前日食主食带图

(2)又如 1918 年 4 月 10 日吉林珲春东北(130.5°E,43.5°N)发生 7.2 级地震，震源深度为 570km，1957 年 1 月 3 日黑龙江东宁西南(130.6°E,43.9°N)发生 7 级地震，震源深度为 593km。这两次震源仅相距 60km，1918 年以前 22 年中有 3 次日食穿过这一地区（见表 5-18）。

表　5-18

年份	月	日	日出见食		中午见食		日落见食	
			经度	纬度	经度	纬度	经度	纬度
1907 年	1	14	42°E	50°N	89°E	39°N	131°E	57°N
1903 年	3	29	80°E	40°N	150°E	65°N	117°W	75°N
1896 年	8	9	0°	63°N	112°E	65°N	179°W	20°N

1957 年 1 月 3 日以前 21 年中也有 3 次日食主食带横穿这一地区（见表5-19）。

表 5-19

年份	月	日	日出见食		中午见食		日落见食	
			经度	纬度	经度	纬度	经度	纬度
1948年	5	9	77°E	2°N	138°E	44°N	136°W	43°N
1941年	9	21	42°E	45°N	114°E	30°N	177°E	10°N
1936年	6	19	16°E	34°N	101°E	56°N	179°E	26°N

这两次地震前20多年日食主食带食路大体相当，如图5-17所示，震中相近，震级及震源深度均极一致。

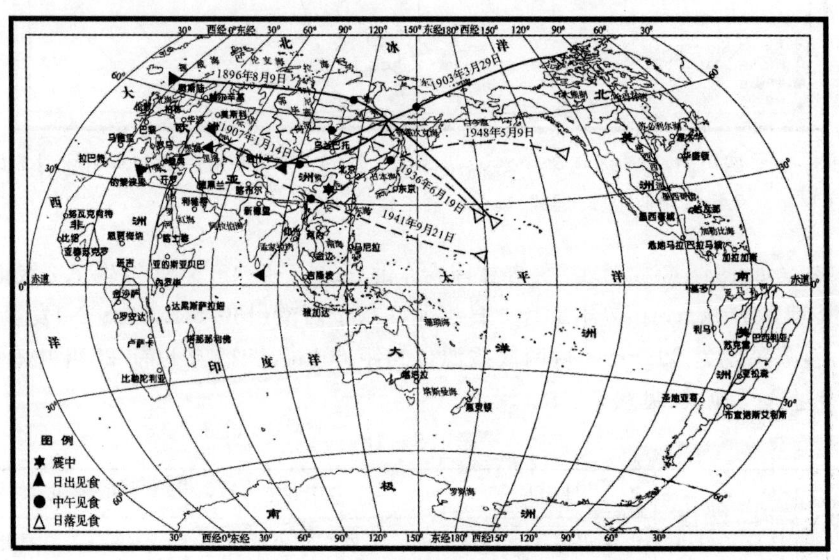

图5-17　1918年4月10日吉林珲春东北7.2级地震(实线)与1957年1月3日黑龙江东宁西南发生7级相似地震(虚线)震前日食主食带图

(3)1915年2月25日在太平洋斐济岛海域(180°,20°S)发生7.25级地震，震源深度为600km，与1957年9月28日斐济岛(178.5°W,20.25°S)又发生7.5级地震，震源深度亦为600km，这两次震源纬度上仅相差0.25°，经度上相差1.5°。1915年以前33年中有3次日食主食带穿过这一地区(见表5-20)。

表　5－20

年份	月	日	日出见食		中午见食		日落见食	
			经度	纬度	经度	纬度	经度	纬度
1908 年	1	3	154°E	11°N	145°W	12°S	85°W	10°N
1897 年	2	1	166°E	32°S	118°W	29°S	61°W	11°N
1882 年	11	10	123°E	2°S	176°W	29°S	106°W	21°S

1957 年 9 月 28 日以前 32 年中有 3 次日食主食带穿过这一地区(见表 5－21)。

表　5－21

年份	月	日	日出见食		中午见食		日落见食	
			经度	纬度	经度	纬度	经度	纬度
1951 年	3	7	161°E	42°S	127°W	21°S	69°W	14°N
1930 年	10	21	146°E	4°N	155°W	36°S	72°W	48°S
1925 年	7	20	162°E	37°S	148°W	26°S	100°W	47°S

这两次地震以前 30 余年均有 3 次日食主食带横穿这一地区，如图 5－18 所示，其发生的地震震级、震中、震源深度亦极相似。

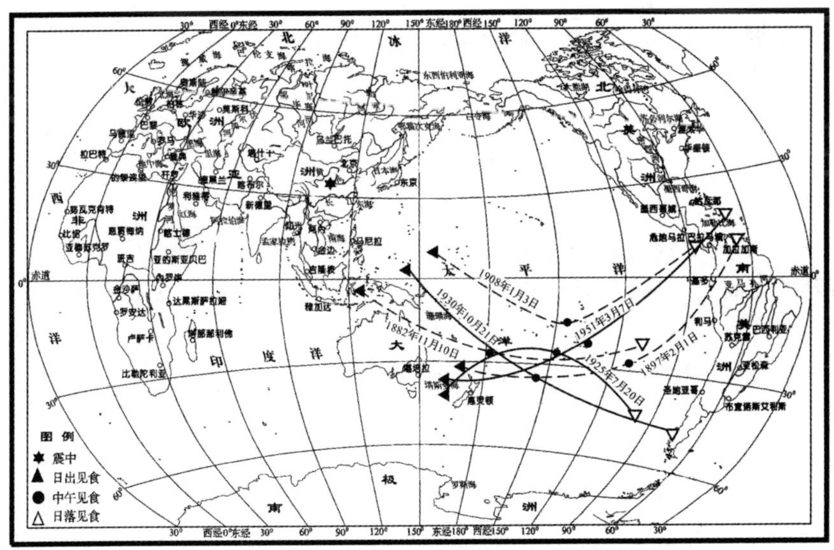

图 5－18　1915 年 2 月 25 日在太平洋斐济岛海域发生 7.25 级地震(虚线)与 1957 年 9 月 28 日斐济岛发生 7.5 级相似地震(实线)震前日食主食带图

大体相似的日食主食带走向，有相似的地震，如四川炉霍 1923 年 3 月 24 日 7.3 级地震与 1973 年 2 月 7 日 7.6 级地震，这两年震中比较接近，震中经纬度相差仅 0.1°～0.2°。1923 年以前有 4 次日食横穿这一地区，1923 年 3 月 24 日炉霍地震震中为(100.3°E,31.7°N)；1973 年 2 月 7 日以前亦有 4 次日食主食带横穿这一地区，1973 年 2 月 7 日炉霍地震震中为(100.5°E,31.6°N)。1918 年 4 月 10 日吉林珲春东北(130.5°E,43.5°N)发生 7.2 级地震，震源深度为 570km；1957 年 1 月 3 日黑龙江东宁西南(130.6°E,43.9°N)发生 7 级地震，震源深度为 593km，这两次震源仅相距 60 余千米。又如 1915 年 2 月 25 日斐济岛海域(180°,20°S)发生 7.25级地震，震源深度为 600km；1957 年 9 月 28 日斐济岛海域(178.5°W,20.25°S)发生 7.5 级地震，震源深度为 600km。这两次地震前都有 3 次日食穿过这一地区。由以上三例进一步说明地震是由日食引起的。

第 5 节　佐证四：日食对地壳局部可产生相当大的外胀应力

日食时，地球在月影区失去光辐射压力。光照在物体上，会对物体施加压力(辐射压力)。依照麦克斯韦(James Clerk Maxwell)的提示，入射光给予物体的动量 p 由下式给出

$$p=u/c \tag{5-1}$$

如光全部被反射，则入射光给予物体的动量 p 将为式(5-1)的 2 倍，即

$$p=2u/c \tag{5-2}$$

太阳光照在地球表面有 43% 返回太空，太阳光给予地球表面动量 p 由下式给出

$$p=1.43u/c \tag{5-3}$$

一次中纬度日食地面月影区面积约 $1\times10^9\,\text{km}^2$，在月影区损失能量为 10^{20} J，比全球每年地震能量大 3 个量级。在中午食甚时，即在中午时太阳全被月球遮住时，辐射损失最大，一般为 3～7min，按 3min 计算，则 1m^2 损失能量为

$$u=4.186STA \tag{5-4}$$

其中，S 为太阳常数 $=1.96\text{cal}/(\text{min}\cdot\text{cm}^2)$；$T$ 为时间(min)；A 为面积(m^2)。

$$u=4.186\times1.96\times3\times10\,000=2.4\times10^5\ \text{J}$$

1cm^2 损失能量 2.4×10 J，1mm^2 损失能量 2.4×10^{-1} J。

另外，月球以平均 1.01 km/s 的速度绕地球转动，地球也在不停地自转，在纬度 φ 处自转速率是 $0.46\cos\varphi$ km/s，小于月球速度。因此每次日食时月影自西向东扫过地球，各不同纬度月影速度是不同的，以纬度 30°为例，月影速度为

$$1.01\ km/s-0.46\cos30°km/s=0.702\ km/s$$

以赤道为例，月影速度为

$$1.01km/s-0.46\cos30°km/s=0.55\ km/s$$

二者均大于声速在空气中的传播速度 331.36 m/s，日蚀期间月影运动量以超声速运动，由于运动速度快，在月影区的冲量要有很大的变化，今以纬度 30°，由动量定理的微分形式，即

$$F\mathrm{d}t=\mathrm{d}p \tag{5-5}$$

食甚时月影区地球表面失去动量

$$p=1.43u/c \tag{5-6}$$

1m² $p=1.43\times2.4\times10^5/3\times10^8=1.1\times10^{-3}$ kg·m/s

1cm² $p=1.43\times2.4\times10/3\times10^8=1.1\times10^{-7}$ kg·m/s

1mm² $p=1.43\times2.4\times10^{-1}/3\times10^8=1.1\times10^{-9}$ kg·m/s

今以纬度 30°为例，月影速度 0.702 km/s，每米为 0.001 4s，根据式(5-5)，日食给予地球面的平均力等于给予地球表面动量的平均变化力：

1m² $F=p/t=1.1\times10^{-3}/0.001\ 4=0.78$N

1cm² $F=p/t=1.1\times10^{-7}/0.000\ 014=7.8\times10^{-3}$N，即 78 N/m²

1mm² $F=p/t=1.1\times10^{-9}/0.000\ 001\ 4=7.8\times10^{-4}$N，即 780 N/ m²

10^{-6}m² $F=p/t=780\ 000$ N/ m²

其变化是非常大的，约为 7.8Pa。地球上界处太阳辐射随波长而变，主要集中在紫外线 A 与红外线 B，为其总辐照度的 95.94%(参见王炳忠编著的《太阳辐射能的测量与标准》，科学出版社，1988)，其各光谱段波长、辐照度及根据式(5-5)第二定律，日食给予地球面的平均力等于给予地球表面动量的平均变化力 F(见表5-21)。

表　5-21

光谱段	波长范围 μm	平均 μm	辐照度 W/m²	占总量百分数	F N/m²	大气压 Pa
紫外线－A	0.32～0.40	0.36	8.073×10	5.9%	7 800 000×0.64×0.059=294 528	2.91
可见光－A	0.40～0.52	0.46	2.240×10²	16.3%	7 800 000×0.54×0.164=690 768	6.82

续表

光谱段	波长范围 μm	平均 μm	辐照度 W/m^2	占总量百分数	F N/m^2	大气压 Pa
可见光－B	0.52～0.62	0.57	1.877×10^2	13.4%	7 800 000×0.43×0.134=449 436	4.44
可见光－C	0.62～0.78	0.68	2.280×10^2	16.7%	8 000 700×0.32×0.134=416 832	4.11
红外线－A	0.78～1.40	1.00	4.125×10^0	30.2%	780 000×0.302=235 560	2.33
红外线－B	1.40～3.00	2.20	1.836×10^0	13.4%	780 000×0.78×0.134=81 525	0.80
总计	0.32～3.00			95.94%	2 168 667	21.40

日食的全过程一般为 2.5h，最长可达 3.5h，按 2.5h 计，即为中午食甚 75min(1.25h)不见太阳，中午食甚时全过程约为每平方米有 535 个 atm(75÷3×21.4=535atm)的张力。这一局部地壳张力(向外胀力)是不容忽视的。因此，日食是引发地震的主要能源，兹称之为日食效应。

另外，在日食期间，由于月影以超声速度通过地球大气时形成冲击波，在沿主食带及垂直主食带方向均有气压波动现象，这一因素尚未计算在内。

地震主要发生在地壳(平均厚度为 33km)、上地幔(约 320km)及过渡层(约 350km)。地壳、上地幔及过渡层受自重影响，本身是处于平衡状态的。由于日食效应，日食月影区地幔上部局部受力，经日食月影区地幔上部受力区的叠加(强震区一般为 2～4 次)，地壳、上地幔及过渡层局部受力区，受力中心偏移，形成偏心。由于偏心产生力矩(偏心向左偏，其力矩为顺时针方向，偏心向右偏，其力矩为逆时针方向，这与地震发生时顺时针转与逆时针转是一致的)，偏心大超出工程上常见的三等分线的中段范围，使局部地区压力增大形成高压区，局部地区压力减小形成受拉区。岩石高压区内正空穴电子受压放出红外辐射，地球表面增温，在受拉区断层产生裂隙而冒气，在震中断层中由于裂隙使岩石位移做功(岩石断裂错动，增温区消失)而发生地震。地震亦是地幔上部受力后应力集中的产物。

日食的外胀力与太阳的日射角有关，太阳日射角在赤道区最大，纬度越高，太阳日射角越小，则外胀力越小，这与极区很少地震发生是一致的。地球经过46亿年的演化，由于这一外胀力，使赤道半径大，极区半径相应减小。由近代利用人造地球卫星测量，赤道比极半径大21.385km。

在地震前震中附近由于岩石受压，岩石内正空穴电子受压放出红外辐射，使地球表面升温(大于4级以上的地震都有此现象)，据国内观测升温辐度达3～14℃，时间长达3～10天不等，增温面积达数十万至数百万平方千米。增温面积大，升温辐度高，则地震震级高。如2004年12月2日14时苏门答腊9级地震，震前25天出现增温情况，其增温面积达800余万平方千米，参见图5-26。又如2008年5月12日14时28分汶川8级地震，增温面积达400km^2。

强祖基教授等在《震前卫星热红外环形应力场特征》等文章中介绍了有关1990年4月26日青海共和7级地震震前热红外异常区，如图5-19所示；1994年9月16日台湾海峡7.3级地震震前热红外异常区，如图5-20所示；1995年4月21日～5月5日菲律宾萨马岛7～7.5级地震震前热红外异常区，如图5-21所示。热红外异常区都有移动，且震中都在热红外异常区之外。

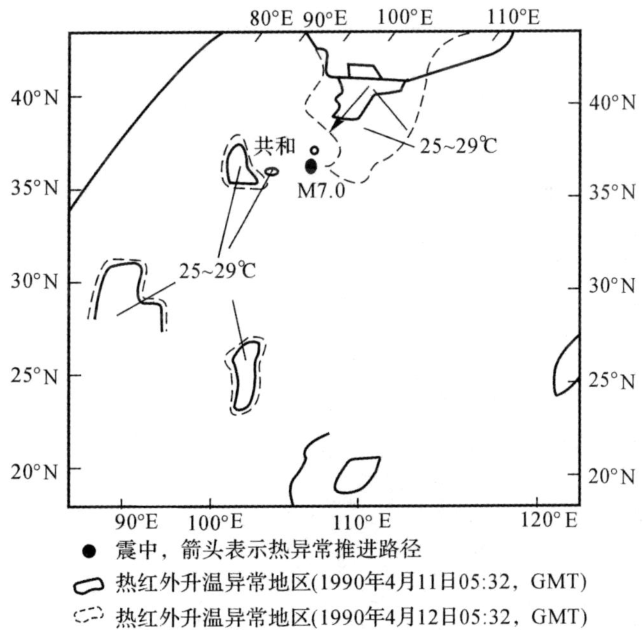

图5-19　1990年4月26日青海共和7级地震震前卫星热红外异常推进路线图

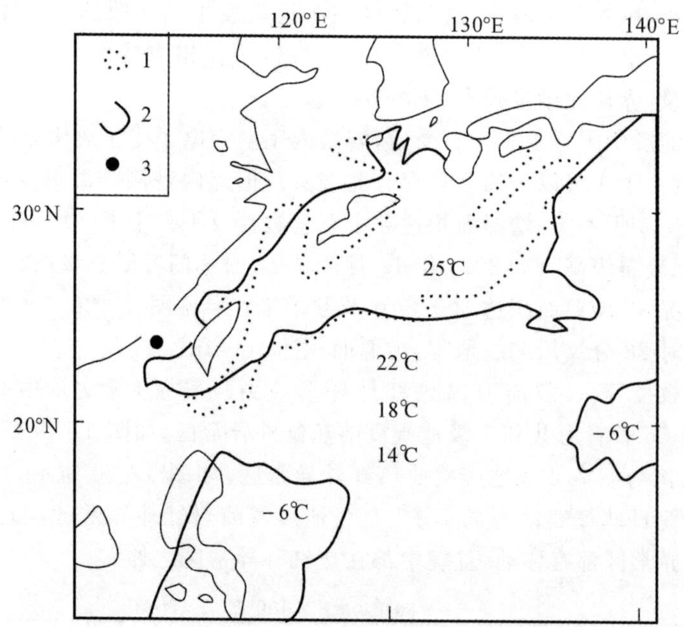

图 5-20 1994 年 9 月南澳地震卫星热红外温度分布

1—1994 年 9 月 8 日 15:55(世界时)热异常边界;

2—1994 年 9 月 9 日 15:55(世界时)热异常边界;

3—1994 年 9 月 16 日台湾海峡 7.3 级大地震震中(23.0°N,118.5°E)

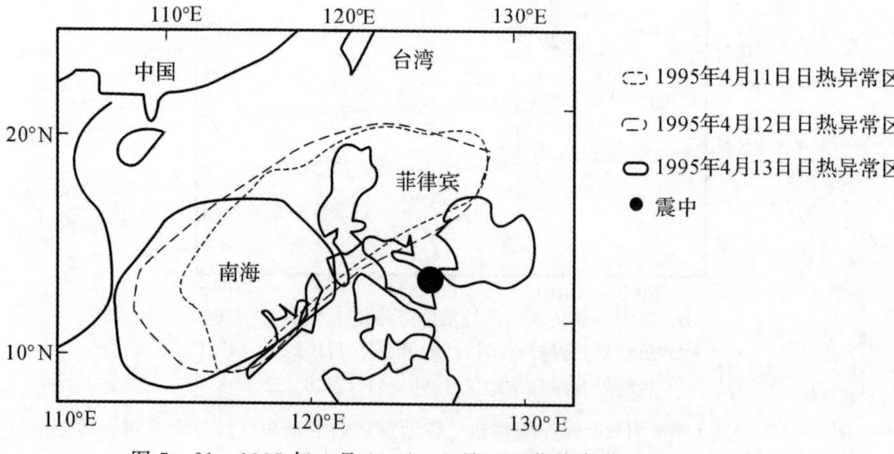

图 5-21 1995 年 4 月 21 日～5 月 5 日菲律宾萨马岛 7～7.5 级地震震前卫星热红外升温椭圆环推进路线图

第6节　佐证五：由于日食外胀力影响，地幔上层局部会出现偏心受力形成受拉区而引起地震发生

地幔上层在没有外界扰动的情况下处于平衡状态，受日食效应影响，地幔上层局部由于会出现偏心受力，在地震区即地幔上层岩石高压区之合力偏心距大，形成受拉区及受压区，如材料力学中短柱之偏心受力一样。

短柱之偏心荷载。偏心荷载为直应力与弯应力组合之特例。设一纵力 P 作用于剖面之二主轴之一轴上，其偏心距为 e，如图 5-22(a)所示。于是，设在剖面质心 O 上加两相等而相反之力 P，因此二力结果为零，故问题不因之而变。

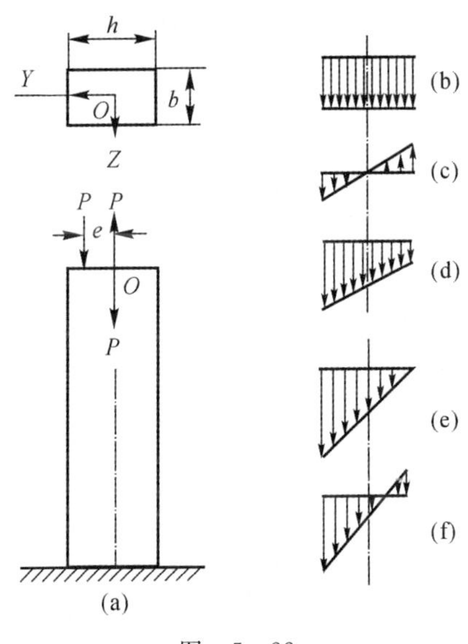

图　5-22

今力 P 为轴压力，能生直压应力$-(P/A)$，如图 5-22(b) 所示（工程上规定压应力为$-$，张应力为$+$），而力偶 Pe 在一主平面内生弯曲，其弯应力为$-(Pey/I)$，如图 5-22(c) 所示，于是其总应力为

$$S_x=-\frac{P}{A}-\frac{Pey}{I_z} \tag{5-7}$$

在此假定最大弯应力较直压应力小，于是杆之全剖面上均有压应力。设最大弯应力较直压应力大，则平行于 Z 轴有一零应力之线，此线分剖面为二部，在右部

上有张应力，而在左部上有压应力(1－7f)。

如剖面为矩形，边为 h 及 b(见图 5-22(a))，式(5-7) 变为

$$S_x = -\frac{P}{bh} - \frac{12Pey}{bh^3} \tag{5-8}$$

令 $y=-\left(\frac{h}{2}\right)$，得

$$(S_x)_{\max} = -\frac{P}{bh} + \frac{6Pe}{bh^2} = \frac{P}{bh}\left(-1+\frac{6e}{h}\right)$$

令 $y=\frac{h}{2}$，得

$$(S_x)_{\min} = -\frac{P}{bh} - \frac{6Pe}{bh^2} = -\frac{P}{bh}\left(1+\frac{6e}{h}\right)$$

由此可知，当 $e<\frac{h}{6}$ 时，剖面上之应力符号无变迁，如图 5-22(d) 所示；当 $e=\frac{h}{6}$ 时，由式(5-8) 得最大应力为 $2P/bh$，而在矩形剖面对边之应力为零，如图 5-22(e) 所示；当 $e>h/6$ 时，应力之符号变翻，剖面有拉应力出现，如图 5-22(f) 所示，即工程上所习见的偏心大超出工程上常见的三等分线的中段范围。使公式(5-7) 等于零，可得零应力线之位置，即

$$Y=-h\times h/12e \tag{5-9}$$

偏心大超出工程上常见的三等分线的中段范围，由于偏心(偏心载荷为直应力与弯应力之组合)，使局部地区压力增大，形成高压区，局部地区压力减小，形成受拉区。岩石抗拉性能极低，在断层带更低，断层带受拉应力影响，断层裂隙增大而冒气，如苏门答腊 2004 年 12 月 26 日地震前冒气现象(见图 5-27)。而克什米尔地区 2005 年 7.8 级地震亦有冒气现象，由于震级低，冒气范围小于苏门答腊地震(见图 5-28)。地震前热红外异常区消失后 1～9 天就发生地震，即高压区之合力及力矩在震中断层中使岩石位移做功，岩石断裂错动，热红外异常区消失而形成地震。

今以 1976 年 7 月 22 日唐山 7.8 级地震为例，从《地震探源与地震预报》一书中可知，1976 年 7 月 22 日唐山 7.8 级地震在震前有 3 次日食通过主震区，第 1 次为 1948 年 5 月 9 日日食，第 2 次为 1995 年 6 月 20 日日食，第 3 次为 1958 年 4 月 19 日日食。1972 年 1 月 25 日台湾 8 级强震亦应在此范围。有两次日食中午见食均非常接近 1976 年 7 月 22 日唐山 7.8 级地震震中(118.2°E，39.6°N)，见表5-22 和图 5-23，有两次日食亦非常接近 1972 年 1 月 25 日台湾 8 级强震震中。

表　5－22

年份	月	日	日出见食		中午见食		日落见食	
			经度	纬度	经度	纬度	经度	纬度
1948 年	5	9	77°E	2°N	138°E	44°N	136°W	43°N
1955 年	6	20	55°E	4°S	117°E	15°N	177°E	12°S
1958 年	4	19	66°E	1°N	126°E	28°N	164°W	31°N

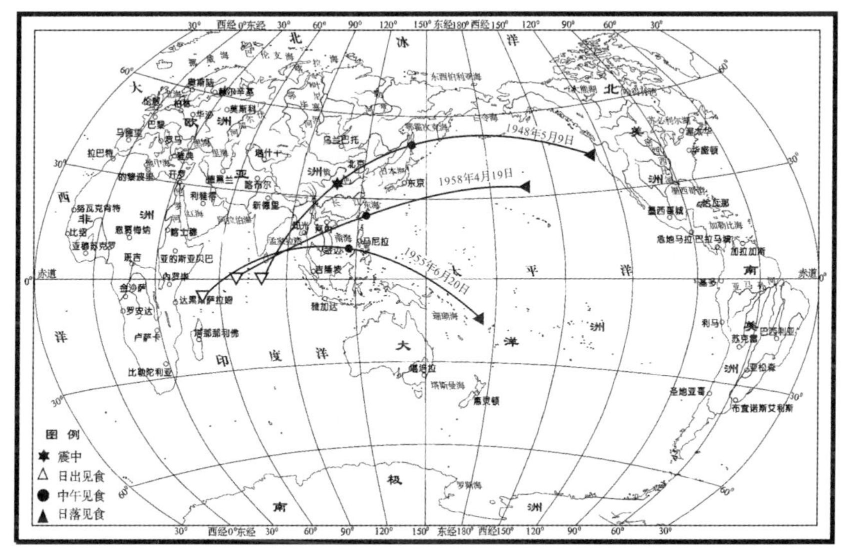

图 5－23　唐山、台湾地震前日食主食带图

唐山震前有 3 次日食，每次日食月影面积按 $1\times10^{9}km^{2}$ 计，其外胀力合力为 $3.34\times10^{19}kN$，3 次为 $1.038\times10^{20}kN$，合力中心距唐山地震震中为 1 400km，如图 5－24 所示。

这是非常大的外胀力，按照唐山地震烈度分布图，唐山地震Ⅶ级烈度区约有 28 000km²，如图 5－25 所示。唐山地震震源深为 22km，每立方米岩石重力为 24.5kN，则Ⅶ级烈度区地壳重力为 $1.5\times10^{16}kN$。

三次日食外胀力为Ⅶ级烈度区岩石重力的近 100 倍，究竟日食月影区是否为其主要部分，尚难于区分。为找出唐山地震区所受的外力矩，今从地震所发出的能量上，从工能转换上来探讨。

艾文登的震级与核爆 TNT 当量关系

$$Ms = 1.4 + 1.3\lg y \tag{5-10}$$

其中，y 为千吨 TNT（千吨 TNT $=4.19\times10^{19}$ 尔格）。

唐山地震我国报出的为 7.8 级地震，但国外有资料监测为 8.1 级地震，今按 8.1 级地震，则按式(5-10)

$$8.1 = 1.4 + 1.3\lg y$$

$$\lg y = 5.15$$

$$y = 10^{5.15} \text{ 千吨 TNT} = 4.19\times10^{24} \text{ 尔格} = 4.19\times10^{17} = 4.19\times10^{17}\text{J}$$

$$1\text{J} = 0.102\text{kg}\cdot\text{m}$$

则 $$y = 4.2\times10^{16}\text{kg}\cdot\text{m} = 4.2\times10^{14}\text{kN}\cdot\text{m}$$

以 Ⅺ 级烈度区为例，唐山地震区 Ⅺ 级烈度区面积为 70km^2，其岩石重力为

$$70\times1\,000\,000\times22\times1\,000\times22.4 = 3.8\times10^{13}\text{kN}$$

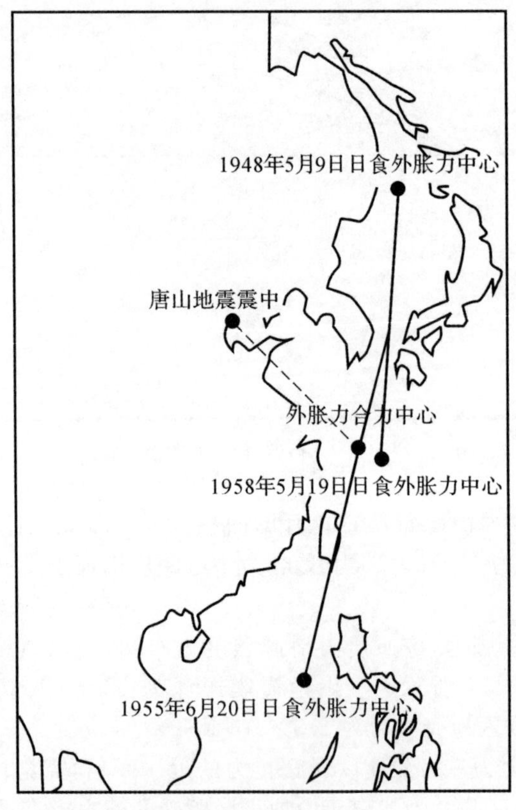

图 5-24　1976 年唐山地震震前 3 次日食月影区地壳外胀力合力中心图

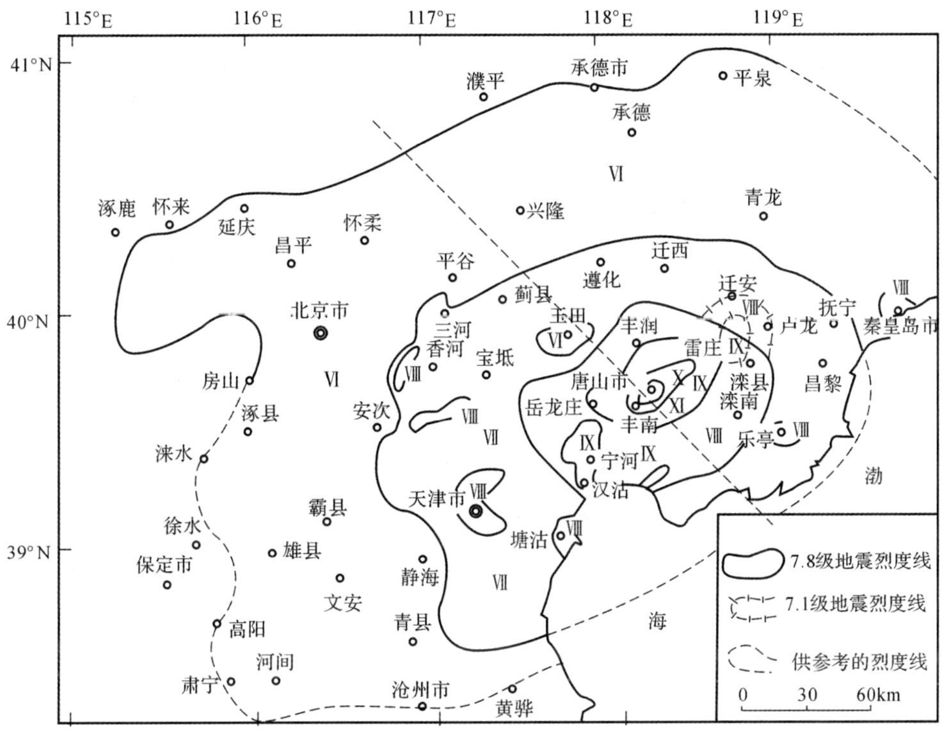

图 5-25 唐山 7.8 级地震烈度分布图

偏心距 e 过小，Ⅺ 级烈度区岩石尚不足以产生拉应力使岩石产生裂缝，小于此烈度区的更无可能。看来艾文登的经验公式计算出来 $10^{5.15}$ 千吨 TNT 当量偏小，其公式的第二项系数偏大，如改为

$$Ms = 1.4 + 0.6\lg y \text{（艾文登-赵得秀）} \qquad (5-11)$$

则唐山 8.1 级地震算出的 $y = 10^{10.3}$，其力矩 M 为

$$M = 4.19 \times 10^{19} \text{ 尔格} \times 10^{10.3} = 4.19 \times 10^{19.3} \text{kN} \cdot \text{m} (1\text{J} = 0.102\text{kg} \cdot \text{m})$$

按唐山 Ⅷ 度裂度区（Ⅷ 度裂度区的地面情况：地基沉陷，路面呈微波起伏，河堤产生较大的裂缝，平原区出现大面积喷水冒砂）有 7 650km²，唐山地震的震源深度是地面下 22km，则

$$e = 4.19 \times 10^{19.3} \div 4.1 \times 10^{15} = 19\,952\text{m} \approx 19.9\text{km}$$

$$Sx = \frac{P}{bh}\left(-1 + \frac{6e}{h}\right) = \frac{P}{bh}\left(-1 + \frac{6 \times 19.9}{75}\right) = 318\,010 \text{ kN/m}^2$$

此拉应力为岩石拉应力的 1.2 倍,岩石将被拉裂,将出现大的地震。

从 1990—1980 年统计,其中 1962 年 3 月 7 日在马里亚纳群岛北(145.1°E,19.2°N) 发生 7 级地震,震源深度为 685km,是有记录以来震源最深的地震。按上述公式计算,在 40km^2 的范围内,$\left(-1+\frac{6e}{h}\right)=0.14$,可产生大的拉应力,形成地震,这只是初算,详细计算应在地震数学模拟计算中进行。

强祖基教授等在《震前卫星热红外环形应力场特征》等文章中介绍,有关 1990 年 4 月 26 日青海共和 7 级地震震前热红外异常区(见图 5 - 19)、1994 年 9 月 16 日台湾海峡 7.3 级卫星热红外温度分布(见图 5 - 20)、1995 年 4 月 21 日至 5 月 5 日菲律宾萨马岛 7~7.5 级地震震前热红外异常区(见图 5 - 21),其震中均在热红外异常区之外,热红外异常区应是震前地壳高压区、地壳压应力区、热应力区之外,应是拉应力区,这与上面的分析是一致的。

地震的全过程应是,地壳及地幔上层(A,B,C,以下同)受自重影响,本身是处于平衡状态的,地壳及地幔上层由于日食效应(日食月影区面积纵横各有万余千米,是大尺度),日食月影区地幔上层局部受力,经日食月影区地幔上层受力区的叠加(强震区一般为 2~4 次),地幔上层局部受力区受力中心偏移,形成偏心。由于偏心(向左偏,其力矩为顺时针方向,向右偏,其力矩为逆时针方向,这与地震发生时顺时针转与逆时针转是一致的),使局部地区压力增大,形成高压区,局部地区压力减小形成受拉区。受拉区超过岩石抗拉强度,有裂隙而冒气,有裂隙则应力进一步集中,岩石断裂,岩石位移做功,而发生地震。岩石高压区内正空穴电子受压放出红外辐射,地球表面增温,岩石断裂错动,增温区消失,震区便有降水,继而有余震。之后震区再有降水,受压地幔上层卸载,岩石回弹,封闭断层裂隙,地幔上层回复平衡。兹称之为日食-地震效应原理。地震是对岩石圈的一种保护,但对人类现有居住条件而言却是一种灾难。因此,可以建立地壳及地幔上层的力学模型,采用有限单元法计算每年其所受应力,应力集中地区、受拉区与发生地震区相一致,则可为将来地震预报开创一条新路,即用数值模拟方法来预报强地震。

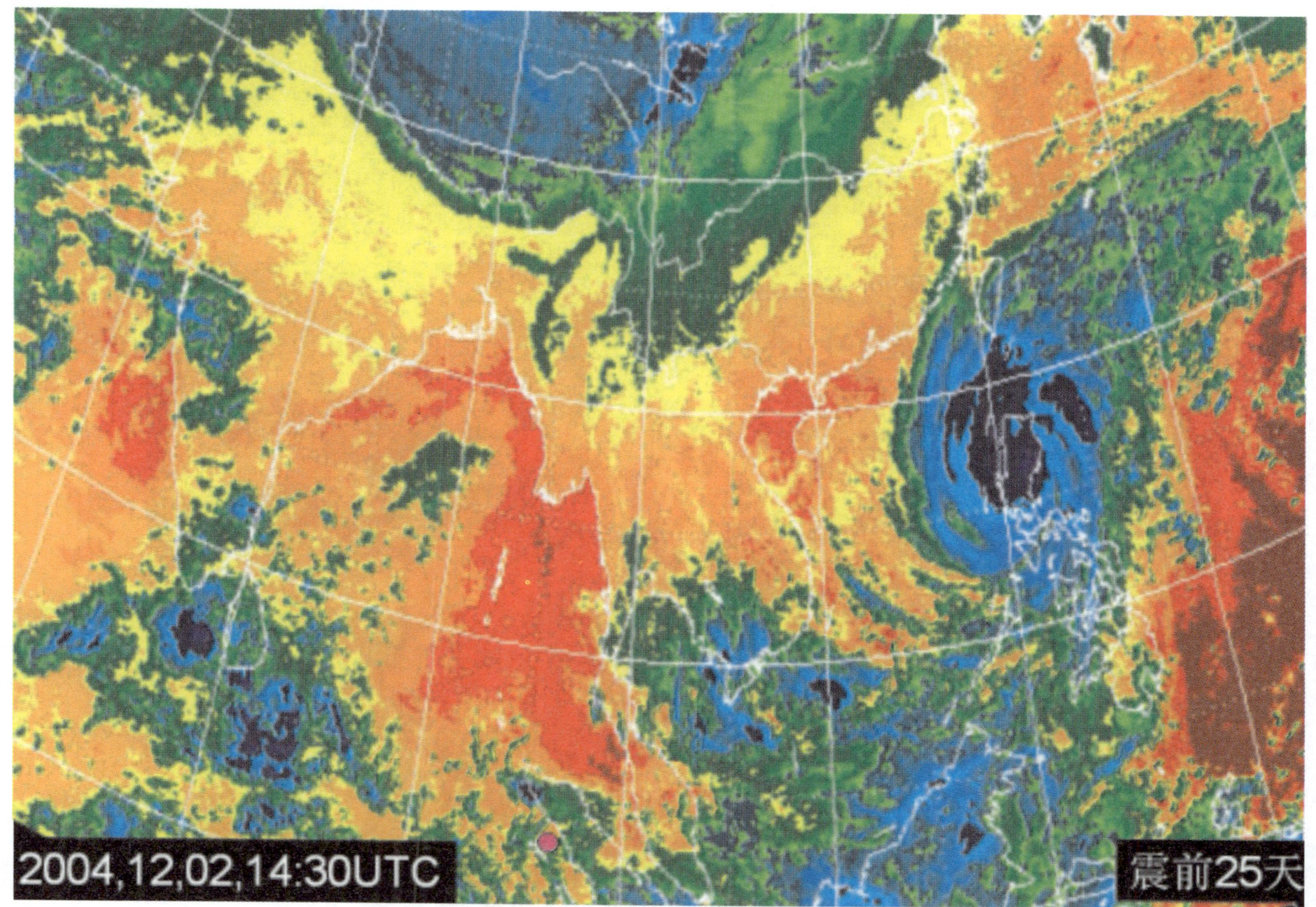

图5-26　苏门答腊震前(25天)增温图

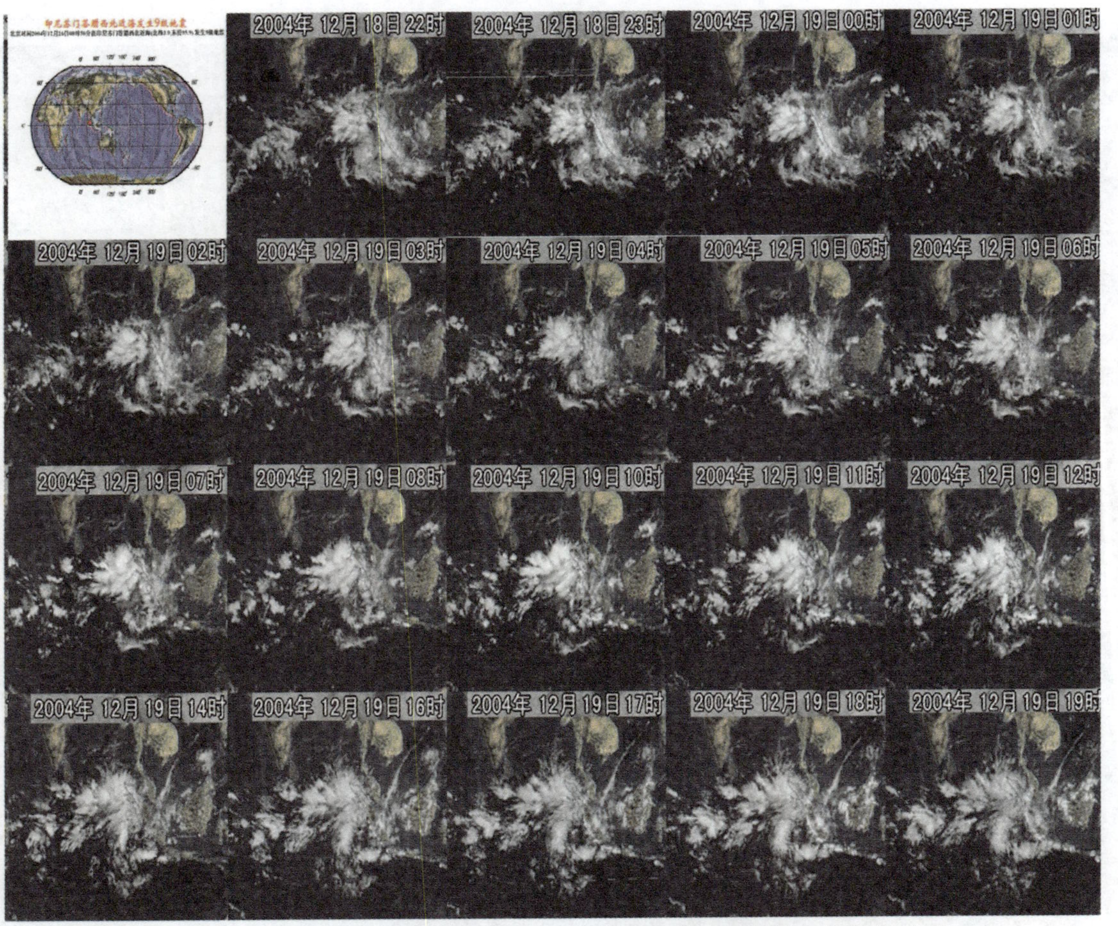

图5-27　2004年12月26日苏门答腊岛北部9.0级地震前震区的放气现象(地震云)

图5-28　2005年10月8日克什米尔7.8级地震前震区的放气现象(地震云)

第 7 节　建立日食效应地震预报模型

由以上叙述可知，地震是由日食所引起的，地震震中最深发生在地面以下720km，70%发生在地面以下200km，基本在地壳及上地幔的范围。日食对地壳及上地幔所引起的外胀力是可以计算的，因此用有限单元法计算地壳及上地幔的应力特别是拉应力是完全可能的，拉应力是引起地震的主要应力，因此，建立日食效应地震预报模型来预报地震是一条可行之路。

而日食的发生必须具备两个条件，首先月亮必须在朔，其次月亮必须在黄、白两道交点附近。亦即是说，发生日食就是朔望月与交点月的关系，朔望月（以 A 代表）就是从朔到朔，从望到望所需的时间，是月相的平均周期。据勃罗乌的资料，对于1900年 $A=29.530\,588\,18$ 天；交点月（以 B 代表）是月亮从黄白两道交点向前运行，再回到这个交点所需的时间，是食月的平均周期。据同一资料，$B=27.212\,219\,97$ 天。因此，如果选择一个包括 A 和 B 的整倍数的周期 S，则经 S 以后，月亮相对交点和相对太阳将运行到原来的位置，该周期内一切原来的日食将在原来的次序上重复出现，即

$$S=NA=MB \tag{5-12}$$

式中，N 和 M 都是整数

$$\frac{M}{N}=\frac{A}{B}=\frac{29.530\,588\,18}{27.212\,219\,97}\approx\frac{29.530\,59}{27.212\,22}$$

表示为连分式，得

$$\frac{M}{N}=1+\cfrac{1}{11+\cfrac{1}{1+\cfrac{1}{2+\cfrac{1}{1+\cfrac{1}{4+\cfrac{1}{3+\cfrac{1}{5+\cdots}}}}}}}$$

取 1,2,3,… 等次近似，分别得到

$$\frac{M}{N}=\frac{12}{11},\frac{38}{35},\frac{51}{47},\frac{242}{223},\frac{777}{716},\frac{4\,127}{3\,803}$$

取第四个近似，$M=242$，$N=223$，得

$$223A=6\,585.321\,2\text{ 天}$$

$$242B=6\,585.357\,2\text{ 天}$$

即沙罗周期，沙罗周期为 18 年 $10\frac{1}{3}-11\frac{1}{3}$ 日（若在 223 个朔望月内有 4 个闰月则等于 18 年 $11\frac{1}{3}$ 日，有 5 个闰年为 18 年 $10\frac{1}{3}$ 日），每隔一个沙罗周期，则相同的日食就会相续出现，但由于有 $\frac{1}{3}$ 日的尾数，$\frac{1}{3}$ 日地球已转了 $\frac{1}{3}$ 圈，因此，日食出现的地区不同。如图 5－29 所示，每隔三个沙罗周期，即一个沙罗族，则日食又回到相近的位置，如图 5－29，图 5－30 所示。但经度、纬度上都有差别，每两个沙罗族有大体相近的地震，目前与 1943—1960 年的沙罗周期地震大体相似，是处在地震高发期，如图 5－31 所示。

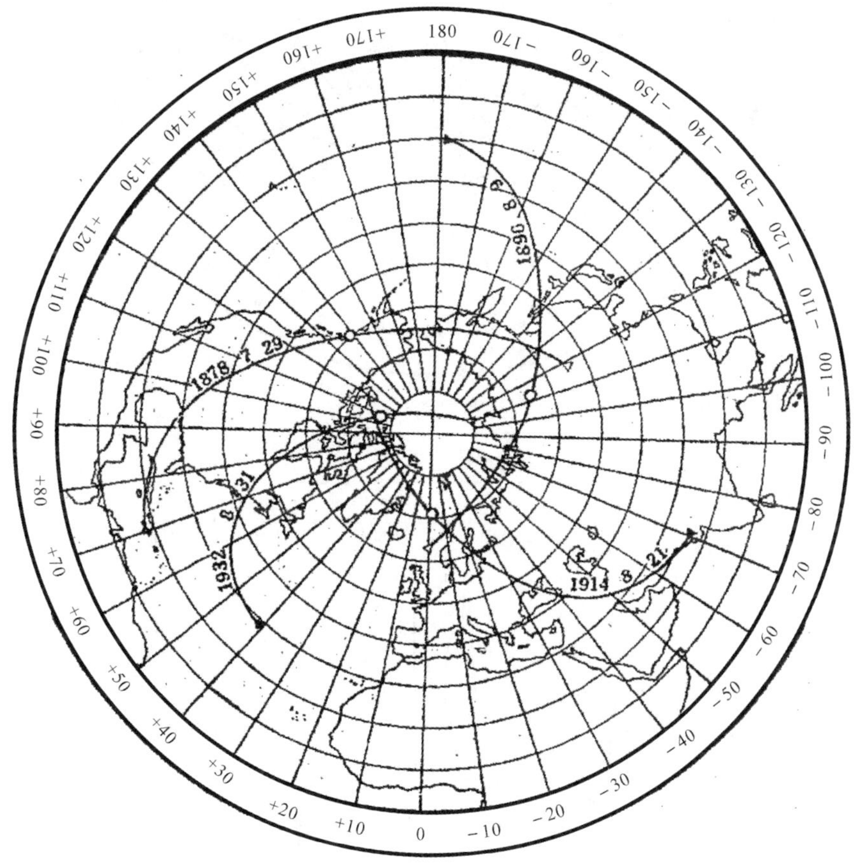

图 5－29　每隔一个沙罗周期日全食中心线移动的情况

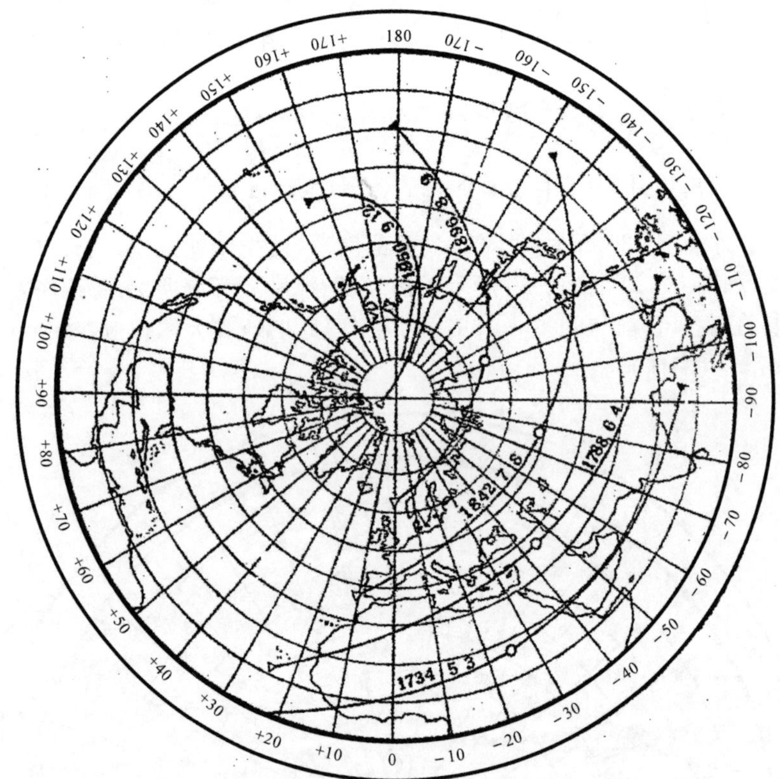

图 5-30 每隔三个沙罗周期日全食中心线移动的情况

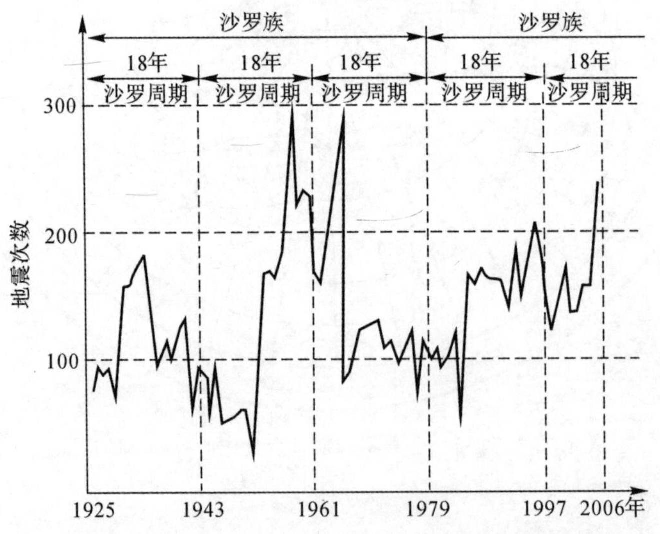

图 5-31 1926—2005 年全球 6 级以上地震变化曲线

我国黄(帝)历(即农历)采用的是阴月阳年,对日食的观测研究有久远的记录与历史,因为每月初一为朔,日食必发生在朔,因此常以日食来校对历法,在日食的周期上有汉朝的三统历、宋朝的统天历(即沙罗周期)等。

有限单元法分平面问题与空间问题,我们拟建立的地壳及上地幔模型为空间问题,用有限单元法求解弹性力学空间问题时,简要地说,是把连续的空间弹性体变换成为一个离散的空间结构物。作为这个结构的单元,最简单是采用四面体,如图 5－32 所示。这些四面体单元只在顶点处以空间铰互相连接,成为空间绞接点(枢接结点)。在结点位移或其某一分量可以不计之处,就在结点上安置一个空间绞座(枢支座)或相应的链杆支座。单元所受的荷载按静力等效的原则移置到结点上,这样就得出计算简图。计算方法是结构力学的位移法,基本未知量是结点的位移。建立位移与应力关系(应力矩阵),由结点平衡方程(劲度矩阵)求出位移,由位移求出结点应力。

从太空拍得的地球图片可知地球是一个球体,从赤道到地球中心为 6 378km,然而确切地说,地球是一个不规则的椭球体,从两极到地球中心的距离为 6 356.8km,比赤道到球心的距离短 21.4km。地球经过长期演变,在结构上具有了圈层特征,地表以上有大气圈、水圈、生物圈,地表以下分为地壳、地幔、地核。

地球有一个坚硬的固体岩石外壳,目前人类打出的最深钻井仅 12km,地球内部情况主要借助地震波在地球内部传播情况可以得到了解。地震波的纵波(P 波)可以通过固态及液态物质,而横波(S 波)只能通过固态物质。从地震波的观测分析,波速在有些深度处不是缓慢过渡,而是存在跳跃,最主要的不连续面有莫霍面、古登堡面。地球内部可划分为三个重要圈层,即地壳、地幔(地幔上部与地幔下部)地核(外核与内核),如图 5－33 所示。

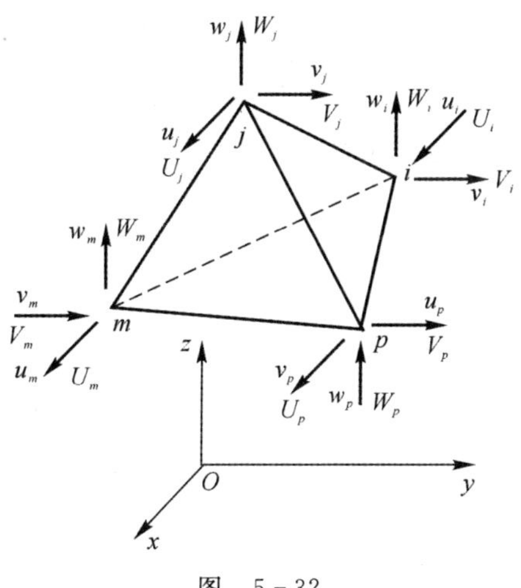

图　5－32

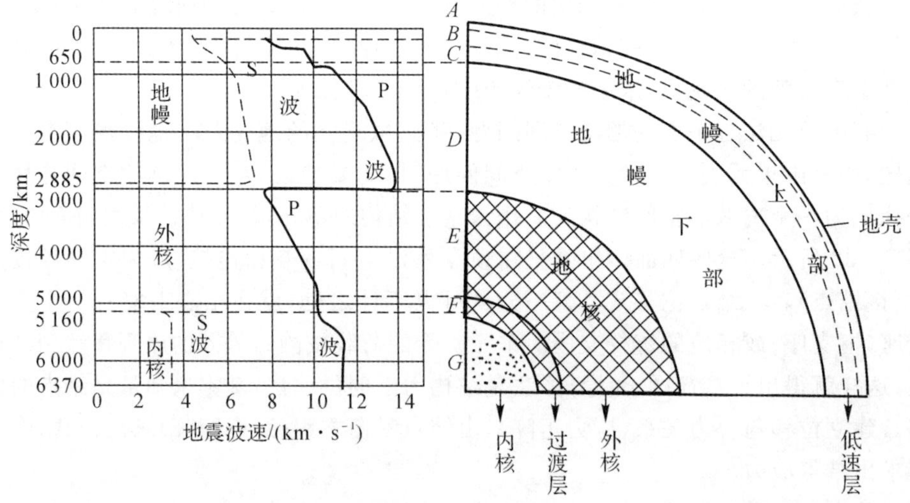

图 5-33 地震波波速在地球内的变化(引自陶世龙等人编著的《地球科学概论》)

地壳在地表与莫霍面之间,地壳厚度变化很大,大洋地壳平均约为 6km,大陆地壳较厚,平均为 35km。整个地壳的平均厚度为 16km。地壳中有一个次级界面叫康拉德面,把地壳分为上下二层,上层平均厚 10km,主要成分为硅和铝,称硅铝层。硅铝层并不连续,只有大陆才有,大洋底缺失;下层基本连续分布,主要成分是硅、镁、铝,称硅镁层,如图 5-34 所示。

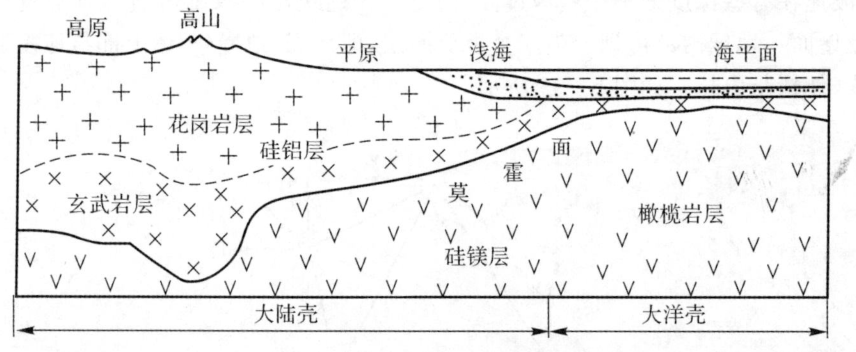

图 5-34 地壳康拉德面示意图

从地球陆地地形看,亚洲有喜马拉雅山脉、亚布洛诺夫山脉,欧洲有阿尔卑斯山脉,北美有科迪勒拉山系,南美有安迪斯山系等,以喜马拉雅山脉珠穆朗玛峰 8 844m 为最高,约为地球半径的 6 378km 的 1.38‰。海洋中以太平洋多海沟最为突出，有马里亚纳海沟、日本海沟、千岛群岛海沟、阿留申海沟、菲律宾海沟、爪哇海沟、汤加海沟、秘鲁智利海沟，其中以马里亚纳海沟深 11 034m 为最深。约为地球半径 6 378km 的 1.72‰。印度洋、大西洋多海盆。

地幔介于莫霍面与古登堡面之间，厚约 2 900km，占地球总体积的 83.4%。地幔范围广大，其组成物质复杂多变，总的来说是固态。在地下 60～250km，温度增高，岩石虽未熔化但已呈熔融状态，塑性和活动性增强，为其上的固体岩石的活动和各种地壳运动创造了条件，这里称作软流圈。软流圈以上的上地幔部分和固体地壳合称为岩石圈。

在岩石圈内还分布有断层，如国外著名的美国圣安德列斯断层（1906 年美国旧金山发生的 7.8 级大地震沿圣安德列斯断层产生了 450km 的地表破裂，近南北向），欧洲土耳其安纳托利亚断层带（近东西向），国内横断山断层带（龙门山断层及其附近的鲜水河断层等，2008 年 5 月 12 日，该断层发生汶川大地震，造成大量人员伤亡和财产损失）。

地核位于古登堡面以下直到地心，厚约 3 473km，占地球总体积 16.3%。地核的物质成分主要是铁和镍。人们一般推测地核还可再分为外核与内核，外核物质为液态，内核物质为固态。

地球的质量约为 60 万亿亿吨，地球的平均密度为 5.51 g/cm^3，而地壳上部岩石平均密度为 2.65 g/cm^3，远小于地球平均密度，地球密度随着深度的加深而增大，并且在地下若干深度处密度是跳跃式变化的。

从 1900—2005 年 7 级以上地震资料分析，共发生 7 级以上（包括 7 级）地震 1 832次，平均每年 17.3 次。其中有震源深度资料的有 1 176 次。震源深度最深的为 1962 年 3 月 7 日马里亚纳群岛北（19.2°N，145.1°E）的 685km，震级 7 级；震源最浅的为 1999 年 10 月 16 日巴斯托附近（34.59°N，116.27°W），震源深度为 0；1968 年 8 月 10 日马左鲁群岛北（1.38°N，126.24°E）震源深度为 1km。震源深度为 0～100km，7 级以上的地震有 859 次，占全部（1 176 次）地震次数的 73%；震源深度在 601km 以上的有 21 次，占总次数的 1.78%。深层地震只发生在少数地区，如斐济（22°S，180°）、阿根廷北部（28.5°S，63°W）、巴西西部（8°S，71°W）、秘鲁东南部（13.5°S，67°W）及鄂霍次克海（52.3°N，151°E）。不同震源深度发生地震次数见表 5－23。

表 5-23

深度	次数	深度	次数
0～100km	859 次	401～500km	15 次
101～200km	159 次	501～600km	46 次
201～300km	49 次	601～700km	21 次
301～400km	27 次		

地震主要发生在地表以下 700km 范围内，即在地壳及上地幔的范围。在进行地壳及地幔上部(A,B,C)应力模拟计算时，由于地壳及地幔上部(A,B,C)的几何形状、边界条件和介质参数复杂，因此采用有限元计算地壳应力的关键就是建立一个合理的地壳有限元模型，必须能够反映地壳及上地幔的主要特征：

(1)几何模型构建及网格离散。包括不同板块、大陆、大洋、断层等地质单元的模拟，既能反映主要特征，亦不能使模型过于复杂。网格划分疏密合理，对于断层、高地震区适当加密，其他区域可以稀疏一些，同时网格划分也要考虑计算能力。

(2)物理参数确定。地球物理参数复杂，不仅在横向存在很大差异，在深度方向也存在不同，因此要根据资料、试验、勘探等手段确定不同区域和不同深度的介质参数。

(3)边界条件施加。地壳和上地幔边界条件包括不同地质单元之间的关系、上地幔与下地幔之间的关系，要研究确定这些边界关系的简化和建立方法。

(4)荷载。地壳和地幔上部(A,B,C)上作用的载荷众多，研究那些主要的荷载作用因素、量值计算方法以及其作用方式，主要包括自重、日食外胀力等。

(5)应力分布与地震的关系。根据应力计算结果，研究应力分布与地震之间的关系，建立应力数值、应力集中程度等与地震发生、地震强度之间的关系。同时尽量降低计算误差对地震预测的影响。

考虑到地壳及地幔上部(A,B,C)构造、介质、边界、载荷的复杂性，因此应采用由粗到精的计算方案，首先建立一个较粗的有限元模型计算，然后在粗模型计算结果的基础上，对高应力区加密，进行精细分析。如进行，可计算出近期如 1958—2012 年各年的应力及应力分布(平面与横断面)，与各年已发生地震相对照，如计算与实况大体相符，则进行第二期计算，并可做出全球地震趋势展望。因此，地震不仅可以由临震精确预报，亦可由地壳及地幔上部(A,B,C)应力模拟计算做出地震中、长期地震展望。

编后附言

选择日食是影响大气环流运动的主要因素的过程

1942 年河南地区大旱，当时笔者正在甘肃清水国立第十中学读高中三年级。国立十中已有两个高中部、两个初中部、一个小学部，学生有千余名，90%以上是河南籍。清水是甘肃很偏僻、很小的一个县城，只有东、西两个城门，一条东西大街，倒是一个很安静、适宜读书的地方。而河南的灾民已扩散到清水，可见灾荒之严重。当读到《大公报》社论《看重庆　念中原》中写道，中原大地灾民遍野，饿殍载道，惨不忍睹，而重庆却灯红酒绿时，不觉泪流满面，因此，下决心学习水利来消除旱灾。1943 年年底毕业，当时教育部规定，成绩好的可以保送免试入大学，笔者填的志愿是重庆“国立中央大学工学院水利工程系”。1944 年年初与同班同桌的同学孙清标(他以后入昆明西南联大)到了重庆，离当年高考还有半年多的时间，得找个吃饭的地方。孙清标靠同乡关系找到一个临时工作。我以理科第一名的成绩考入教育部江津白沙大学先修班(报考 1 000 人，录取文、理各 50 人)，学习半年。1944 年 7 月高考，顺利考入“国立中央大学工学院水利工程系”。重庆区报考国立中央大学的有 7 000 人，报考工学院的有 5 000 人，录取 500 人，水利工程系录取 30 余名，我以第 5 名被录取。另外，国立十中、白沙大学先修班又都保送入国立中央大学水利系。这只是说明笔者学习水利的决心而已！

水利系只是学习修水库防洪减灾，修灌区、修电站、修航道来兴利，造福于人民。至于为什么会有水旱灾害的发生，其发生的原因，则是在气象范围来探讨的事情。在 1961 年以来的探讨中，从气象学得知，大气环流运动发生变化是形成水旱灾害的主要原因，而大气环流的能源是太阳辐射，太阳辐射有没有变化这是气象学界争论了半个世纪的主要话题。在当时最流行的说法是，大气环流的变化与太阳活动的强弱有关，与太阳黑子的增多减少有关，即“日地关系”。杨鉴初先生是我国日地关系学权威，他出版的《日地关系》一书，笔者曾拜读过，增长了不少知识。笔者认为，在地球上没有观测到太阳黑子能影响地球表面温度，且黑子面积与太阳面积相比过小，不如日食全食或偏食时，把太阳面积全盖住或部分盖住。笔者在甘肃清水上学时经历过 1941 年 9 月 27 日日全食，这次日食与 1987 年 9 月 23 日日环食主食带基本平行，都是横穿我国的日食。1941 年日食由福建入海，1987 年日食由上海入海。1941 年 9 月 27 日食甚时，气温明显降低，鸟归巢。因此，认定日食是影响大气环流运动的主要原因。

从统计分析，大的灾害性天气，如大的洪水灾害、大面积的旱灾都与极区日偏食有关。这与大气环流热力机的原理一致。极区日偏食，降低了大气环流热力机的温度，增加了热力机的效率，增大了大气环流热力机的做功能力，形成大的水灾与旱灾。

1964 年，笔者在《月地关系——论水旱灾害发生的原因及其规律》一文中，写了一段批评《日地关系》的文字，当时亦缺乏实例，未说服杨鉴初先生是正常的。1984 年，在《日食效应——论水旱灾害发生的原因及其规律》的鉴定中，已形成了日食相似年方法，并有 3 年的实例验证。杨鉴初先生充分肯定这一学说，这是科学家的态度！

参 考 文 献

[1] 中国气象局气象科学研究院.中国近五百年旱涝分布图集.北京:地图出版社,1981.

[2] 广东省地方史志编纂委员会.广东志水利志.广州:广东人民出版社,1995.

[3] 编辑委员会.刘光文水文分析计算文集.北京:中国水利水电出版社,2003.

[4] 刘合心.陶氏考古现场:他发现了中国的起源.[2009-08-07].http.//finance.sina.com.cn/roll/20090807/16226587478.shtml.

[5] 五千年文明看山西——陶氏考古重大收获及重要意义访谈.山西日报,2004-02-12.

[6] 杨鉴初.日地关系.北京:科学普及出版社,1963.

[7] 特维尔斯戈伊.气象学教程.仇永炎,等,译.北京:气象出版社,1954.

[8] 涂长望.大气运行与世界气温关系.北京:科学出版社,1952.

[9] 李宪之.季节与气候.北京:科学出版社,1957.

[10] 卢敬华.数值天气预报引论.北京:气象出版社,1988.

[11] 项月琴,李建京.安徽宿县日食期间地面太阳辐射和气象要素的测量//中国日环食观测研究文集.北京:科学出版社,1990.

[12] 中国气象局国家气候中心.1998中国大洪水与气候异常.北京:气象出版社,1998.

[13] Lamb H H. Climate: Parent Past and Future . London:Methuen & Co Ltd, 1972.

[14] Zeng Q C. Documentation of IAP Two Level Atmospheric General Circulation Model. U.S. Department of Commerce National Technical Information Service,1989.

[15] White O R. The Solar Output and Its Variation. Boulder: Colorado Associated University Press, 1977.

[16] 波拉克.普通天文学.戴文赛,译.北京:高等教育出版社,1957.

[17] 南京大学数学天文系天文专业.天文学教程.上海:上海科技出版社,1962.

[18] 胡中为,萧耐园.天文学教程.北京:高等教育出版社,2003.

[19] 唐汉良,余中宽.日月食计算.南京:江苏科技出版社,1980.

[20] 方诗铭，方小芬. 中国史历日和中西历日对照表. 上海：上海辞书出版社，1987.

[21] Oppolzer T V. Canon der Finsfernisse(日月食典). WEIN，1885.

[22] 严济慈. 热力学第一和第二定律. 北京：人民教育出版社，1980.

[23] 瑞斯尼克，哈里德. 物理学. 郑永令，等，译. 北京：科学出版社，1982.

[24] 张三慧. 大学物理学. 北京：清华大学出版社，2005.

[25] 赵得秀. 地震探源与地震预报. 西安：西北工业大学出版社，2007.

[26] 赵得秀，强祖基. 地震是可以预报的. 西安：西北工业大学出版社，2012.

[27] Timoshenko S, MacCullough G H. Elements of Strength of Materials. [S. l.]: [s. n.], 1940.

[28] 铁木生可，麦克可洛. 材料力学. 王德荣，译. 北京：人民教育出版社，1951.

[29] 强祖基，等. 卫星热红外异常——临震前兆. 科学通报，1990，35(7)：1324-1327.

[30] 华东水利学院. 弹性力学问题的有限单元法. 北京：水利电力出版社，1974.

[31] 杨桂通. 弹性力学简明教程. 北京：清华大学出版社，2006.

[32] 沙润. 地球科学精要. 北京：高等教育出版社，2003.

[33] 时振梁，赵荣国，王淑贞，等. 世界地震目录(1900—1980，$M>6$). 北京：地图出版社，1986.

[34] 周昌玉，贺小华. 有限元分析的基本方法及工程应用. 北京：化学工业出版社，2006.

[35] 赵得秀，赵文桐. 论日食与水旱灾害的关系. 西安：西北工业大学出版社，1992.

[36] 张玉玲，吴辉碇，王晓林. 数值天气预报. 北京：科学出版社，1987.

[37] 沈桐立，田永祥，葛孝贞，等. 数值天气预报. 北京：气象出版社，2003.